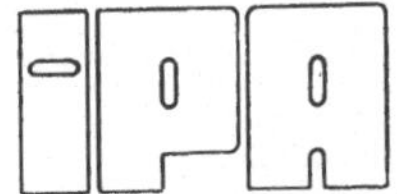

Forschung und Praxis · Band 55

Berichte aus dem Fraunhofer-Institut
für Produktionstechnik und Automatisierung,
Stuttgart, und dem Institut
für Industrielle Fertigung und Fabrikbetrieb
der Universität Stuttgart

Herausgeber: Prof. Dr.-Ing. H. J. Warnecke

Stefan Dittmayer

Arbeits- und Kapazitätsteilung in der Montage

Mit 56 Abbildungen

Springer-Verlag
Berlin Heidelberg New York 1981

Dipl.-Ing. Stefan Dittmayer
Fraunhofer-Institut für Produktionstechnik und Automatisierung (IPA), Stuttgart

Dr.-Ing. H. J. Warnecke
o. Professor an der Universität Stuttgart
Fraunhofer-Institut für Produktionstechnik und Automatisierung (IPA), Stuttgart

D 93

ISBN-13 : 978-3-540-11228-0   e-ISBN-13 : 978-3-642-81756-4
DOI : 10.1007 / 978-3-642-81756-4

Gesamtherstellung: Drucken + Werben GmbH · Zettachring 12 · 7000 Stuttgart 80 (Fasanenhof-Industriegebiet) · Telefon (07 11) 715 69 06/07/08.
2362/3020—543210

Die Entwicklungen in der Produktionstechnik in den
letzten Jahrzehnten haben entscheidend zur positiven
wirtschaftlichen und sozialen Entwicklung in der
Bundesrepublik Deutschland beigetragen. Die Produktivität konnte jedes Jahr um durchschnittlich etwa 3,5 %
gesteigert werden. Mechanisierung und Automatisierung wurden und werden stetig weiter vorangetrieben.
Während es sich bisher jedoch um Verbesserungen an einzelnen Maschinen und Anlagen sowie Verfahren handelte,
werden heute alle Unternehmensbereiche erfaßt, und man
ist bemüht, das gesamte System Unternehmen bzw. Produktionsbetrieb zu optimieren. Das klassische Bemühen um
Optimierung des Einsatzes und Zusammenwirkens der Pro-
duktionsfaktoren Mensch, Maschine und Material muß heute
erweitert werden um die Berücksichtigung sozialer Belange,
gesetzlicher Auflagen, Probleme der Energieversorgung,
schnellen Veränderungen an den Produkten und auf den
Märkten sowie Sicherung der Qualität und der Lieferfähig-
keit.

Von wissenschaftlicher Seite wird und muß dieses Bemühen
unterstützt werden durch die Entwicklung von Methoden
und Vorgehensweisen zur systematischen Analyse und Ver-
besserung des Systems Produktionsbetrieb. Hier ist heute
insbesondere auch der Fertigungsingenieur gefordert,
nicht nur einzelne Maschinen und Verfahren zu beherrschen,
sondern das gesamte komplexe System hinsichtlich der Ver-
knüpfung seiner Elemente durch zweckmäßigen Informations-
und Materialfluß. Beispielhaft seien dazu nur hinsichtlich des Informationsflusses die heute gegebenen Möglichkeiten der Datenerfassung und -verarbeitung in Ferti-
gungsplanung und -steuerung, an den einzelnen

Produktionsanlagen sowie im Qualitätswesen genannt.
Im Materialfluß geht es um richtige Auswahl und Einsatz von Fördermitteln, Förderhilfsmitteln sowie Anordnung und Ausstattung von Lägern. Der weiteren Automatisierung in der Handhabung von Werkstücken und Werkzeugen sowie der Montage von Produkten wird in nächster Zukunft allergrößte Aufmerksamkeit geschenkt werden. Leistungsfähige Sensoren werden die Möglichkeiten dafür sehr stark vergrößern.

Die beiden vom Herausgeber geleiteten Institute, das Institut für Industrielle Fertigung und Fabrikbetrieb der Universität Stuttgart sowie das Fraunhofer-Institut für Produktionstechnik und Automatisierung in Stuttgart, arbeiten in grundlegender und angewandter Forschung intensiv an den aufgezeigten Entwicklungen in der Produktionstechnik mit. Zur Umsetzung gewonnener Erkenntnisse wird die Schriftenreihe "IPA Forschung und Praxis" herausgegeben. Der vorliegende Band setzt diese Reihe fort, eine Übersicht über bisher erschienene Titel wird am Schluß dieses Bandes gegeben.

Dem Verfasser sei für die geleistete Arbeit gedankt, dem Springer-Verlag für die Aufnahme dieser Schriftenreihe in seine Angebotspalette und der Druckerei für saubere und zügige Ausführung. Möge das Buch von der Fachwelt gut aufgenommen werden.

                        Hans-Jürgen Warnecke

Vorwort

Die vorliegende Arbeit entstand während meiner Tätigkeit
als wissenschaftlicher Mitarbeiter am Fraunhofer-Institut
für Produktionstechnik und Automatisierung (IPA) in Stuttgart.

Herrn Professor Dr.-Ing. H. J. Warnecke, dem Direktor des
IPA sowie Leiter des Instituts für Industrielle Fertigung
und Fabrikbetrieb der Universität Stuttgart, danke ich für
seine wohlwollende Unterstützung und großzügige Förderung
der Arbeit.

Herrn Professor DTech. h.c. Dipl.-Ing. K. Tuffentsammer
danke ich für das Interesse, das er der Arbeit entgegen-
gebracht hat, und für die Ratschläge, die sich aus einer
kritischen Durchsicht der Arbeit ergeben haben.

Mein Dank gilt auch Herrn Dr. rer. nat. R. Berner von der
Fa. MOTO METER AG in Leonberg, der mir die Möglichkeit gab,
das in der vorliegenden Arbeit entwickelte Verfahren in
der Praxis anzuwenden.

Schließlich möchte ich den ehemals wie den derzeit beschäftigten Mitarbeitern des IPA danken, die mir durch kritische
Hinweise und stete Diskussionsbereitschaft sehr geholfen
haben. Dieser Dank gilt besonders Herrn Dr.-Ing. M. Görke,
Herrn Dipl.-Ing. T. Koch und Herrn Dr. phil. K. Kornwachs.

Stuttgart, im Juni 1981   S. Dittmayer

Inhaltsverzeichnis

Verzeichnis verwendeter Größen und Einheiten

A	m^2	Flächenbedarf der Arbeitsplätze
A_i	m^2	Flächenbedarf des Arbeitsplatzes i
b		Zählindex für Werkzeuge
B		Menge verschiedenartiger Werkzeuge, die zur Montage des Produkts benötigt werden
B_1		Menge verschiedenartiger Werkzeuge, die zur Montage des Produkts am Arbeitsplatztyp 1 benötigt werden
c	min/Tag	Kapazitätsangebot eines Arbeitsplatzes
c_i	min/Tag	Kapazitätsangebot des Arbeitsplatzes i
c_{MA}	min/Tag	Kapazitätsangebot eines Mitarbeiters
C	min/Tag	Kapazitätsbedarf einer Montageaufgabe
DG		Dimensionierungsgrad
h		Zählindex für Einzelteile
H		Menge verschiedenartiger Einzelteile des Produkts
H_1		Menge verschiedenartiger Einzelteile des Produkts, die am Arbeitsplatztyp 1 bereitzustellen sind
i		Zählindex für Arbeitsplätze
j		Zählindex für Teilverrichtungen
J		Menge der Teilverrichtungen einer Montageaufgabe

K	DM/Stck	Montagestückkosten
K_{EI}	DM/Stck	Energie- und Instandhaltungsstückkosten
K_F	DM/Tag	Flächenkosten
K_K	DM/Tag	Kapitaldienst
K_L	DM/Stck	Lohn- und Lohngemeinstückkosten
K_{MB}	DM/Tag	Kosten durch Materialbereitstellung
K_T	DM/Tag	Kosten durch Tagesmengenschwankungen
K_U	DM/Tag	Kosten durch gebundenes Umlaufkapital
l		Zählindex für Arbeitsplatztypen
L		Zahl von Arbeitsplatztypen
L_{min}		Mindestanzahl von Arbeitsplatztypen
L_Z		Anzahl von Arbeitsplatztypen innerhalb einer Zeile im Kapazitätsfeld
LG		Leistungsgrad
LS_r	DM/min	Lohnsatz für Lohngruppe r
LS_{MB}	DM/min	Lohnsatz für Materialbereitstellung
m		Anzahl Arbeitsplätze
m_l		Anzahl Arbeitsplätze vom Arbeitsplatztyp l
m_Z		Anzahl Arbeitsplätze innerhalb einer Zeile im Kapazitätsfeld
MA		Mitarbeiter
MS	DM/min	Minutensatz
n	Stck/Tag	Tagesmenge
n_i	Stck/Tag	Tagesmenge, die am Arbeitsplatz i gefertigt werden kann
n_{MA_j}	Stck/Tag	Tagesmenge, in der die Teilverrichtung j von einem Mitarbeiter ausgeführt wird
n_{MB}	1/Tag	Zahl der Materialbereitstellungen je Tag
N	Stck/Tag	Gesamtmenge
NG		Technischer Nutzungsgrad

p		letzte vom Mitarbeiter ausgeführte Teilverrichtung
r		Zählindex für Lohngruppen
R		Zahl von Lohngruppen
RS		Restfertigungsgemeinkostensatz
SS		Sozialgemeinkostensatz
t	min/Stck	Stückzeit
t_d	min/Tag	Arbeitszeit
$t_{d_{MB}}$	min/Tag	für die Materialbereitstellung benötigte Zeit je Tag
t_{d_S}	min/Schicht	Arbeitszeit je Schicht
t_e	min/Stck	Gesamtstückzeit
t_{er}	min/Stck	Erholungszeit
t_{e_r}	min/Stck	Gesamtstückzeitabschnitt, der mit der Lohngruppe r entlohnt wird
$t_{fü}$	min	Zeit zum Füllen eines Teilebehälters
t_g	min/Stck	Grundzeit
t_i	min/Stck	Stückzeit, die am Arbeitsplatz i ausgeführt werden kann
$t_i{}'$	min/Stck	dem Teilungsgrad entsprechende, durchschnittliche Stückzeit des Arbeitsplatzes i
t_s	min	Zeit, die dem Weg entspricht, der bei der Materialbereitstellung vom Lager zu den Arbeitsplätzen und zum Lager zurück zu durchlaufen ist
t_t	min/Stck	Tätigkeitszeit
t_{t_1}	min/Stck	Tätigkeitszeit am Arbeitsplatztyp 1
t_v	min/Stck	Verteilzeit
t_w	min/Stck	Wartezeit
t_A	min/Stck	Taktausgleichszeit
$t_{E_{h,1}}$	min/Stck	Zeit, die dem Greifweg zu und mit dem Einzelteil h am Arbeitsplatztyp 1 entspricht

t_{MH}	min/Stck	Haupttätigkeitszeit
t_{MN}	min/Stck	Nebentätigkeitszeit
t_{MN_1}	min/Stck	Nebentätigkeitszeit, die am Arbeitsplatztyp l anfällt
t_{MN_E}	min/Stck	Nebentätigkeitszeit für Hinlangen zu und Bringen von Einzelteilen
t_{MN_P}	min/Stck	Nebentätigkeitszeit für Wechsel des Produkts
t_{MN_W}	min/Stck	Nebentätigkeitszeit für Wechsel des Werkzeugs
t_P	min/Stck	Zeit, die dem Wechsel des Produkts an einem Arbeitsplatz entspricht
t_{P_1}	min/Stck	Zeit, die dem Wechsel des Produkts am Arbeitsplatztyp l entspricht
t_{PT}	min/Stck	Prozeßzeit
t_T	min/Stck	Taktzeit
t_{TV_j}	min/Stck	Stückzeit der Teilverrichtung j
t_{TVMA_j}	min/Stck	Stückzeit der vom Mitarbeiter ausgeführten Teilverrichtung j
$t_{W_{b,1}}$	min/Stck	Zeit, die dem Wechsel des Werkzeugs b am Arbeitsplatztyp l entspricht
TG		Teilungsgrad
TV		Teilverrichtung
V_B	dm³	Volumen eines Teilebehälters
V_E	dm³/Stck	Volumen eines Einzelteils
W	DM	Wiederbeschaffungswert der Arbeitsplätze
W_1	DM	Wiederbeschaffungswert des Arbeitsplatztyps l
z		Zahl von möglichen Formen der Kapazitätsteilung
z_{min}		Mindestanzahl von möglichen Formen der Kapazitätsteilung
z_S	Schicht/Tag	Anzahl Schichten
z_{TB}		Menge der Teilebehälter
z_{TB_i}		Menge der Teilebehälter am Arbeitsplatz i

1 Einleitung

1.1 Problemstellung

Die Planung von Arbeitssystemen für den Fertigungsbereich Montage
muß die Voraussetzung schaffen, daß diese Arbeitsysteme den
Anforderungen des Absatz- und des Arbeitsmarkts gerecht werden.

Der Absatzmarkt ist in den letzten Jahren schwierig einzuschätzen
gewesen. Diese Situation gilt voraussichtlich auch für die Zukunft. Die Mitarbeiter der Planungsabteilungen werden so auf
der Basis unsicherer Voraussagen über die Produktionsmengen
und ihrer zu erwartenden Schwankungen planen müssen. Die steigen-
de Produktvielfalt belastet die Planungsabteilungen zusätzlich,
denn es muß häufiger geplant werden. WARNECKE und ZIPPE /1/
berichten hierzu von einem Fall aus der Elektroindustrie, bei
dem in einem Zeitraum von sieben Jahren die Anzahl der Produkt-
typen von 3 auf 23 gestiegen war.

Die Bedeutung der Planung ist auch vor dem Hintergrund des
Arbeitsmarkts zu sehen. Von dort rührt die Forderung der Mitarbeiter nach menschengerechter Arbeitsgestaltung her, die
in zunehmendem Maße zu berücksichtigen ist.

Ein Arbeitssystem, das vereinfacht in __Bild 1__ dargestellt ist,
dient nach REFA /2/ der Erfüllung einer Arbeitsaufgabe. Es kann
mit den Begriffen Arbeitsaufgabe, Eingabe, Ausgabe, Arbeitsablauf, Arbeitsumgebung, Mensch und Arbeitsmittel näher beschrieben
werden.

Die Arbeitsaufgabe kann z.B. die Montage von Elektromotoren sein.
Zur Erfüllung einer solchen Arbeitsaufgabe müssen Informationen,
Stoff und Energie in das Arbeitssystem eingegeben werden. Als
Ausgabe erhält man z.B. vollständig montierte Produkte und sie
begleitende Informationen, z.B. Garantieschein, sowie in den
folgenden Betrachtungen nicht berücksichtigte Emissionen und
Abfälle.

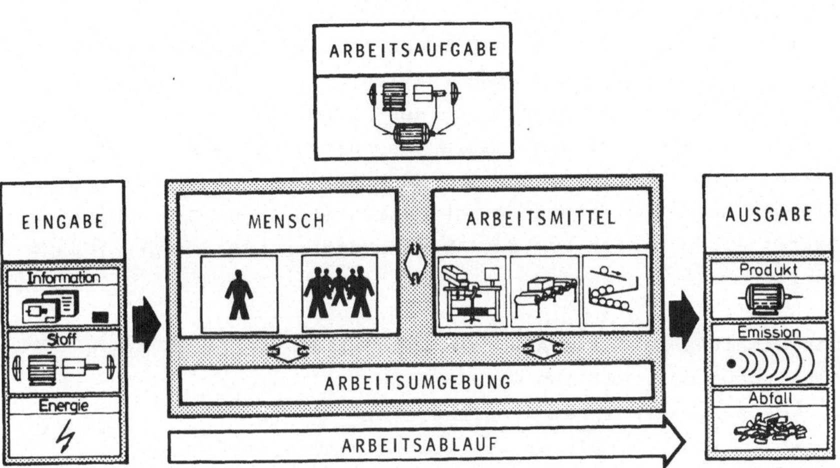

Bild 1: Vereinfachte Darstellung eines Montagearbeitssystems /3/

Der Arbeitsablauf ist die räumliche und zeitliche Folge des Zusammenwirkens von Mensch und Arbeitsmittel mit der Eingabe, um
diese zur Erfüllung der Arbeitsaufgabe zu verändern /2/. Unter
Arbeitsumgebung versteht man den Raum für Mensch und Arbeitsmittel. Die Arbeitsmittel - häufig auch Betriebsmittel genannt -
können in einer für die vorwiegend manuelle Montage zweckmäßigen Weise gemäß Bild 2 gegliedert werden.

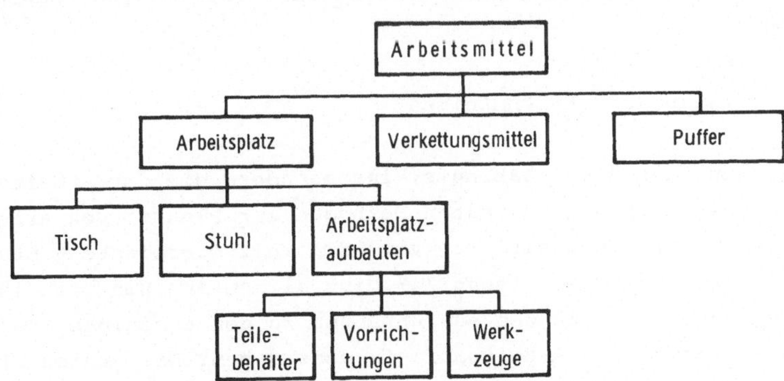

Bild 2: Gliederung der Arbeitsmittel

Bei der Planung eines Arbeitssystems sind die Inhalte der in
Bild 1 aufgeführten Begriffe festzulegen. Dabei muß sich die
Planungsarbeit auf die Planung des Arbeitsablaufs konzentrieren,

denn die Inhalte der übrigen Begriffe sind häufig vorgegeben oder sie sind eine Folge des Arbeitsablaufs. So ist die Arbeitsaufgabe und damit die Ein- und Ausgabe des Arbeitssystems bekannt. Die Arbeitsumgebung muß arbeitswissenschaftlichen Forderungen und Erkenntnissen entsprechen. Den Menschen muß der Planer bei der Planung des Arbeitsablaufs berücksichtigen, und die Arbeitsmittel ergeben sich aus der Arbeitsaufgabe und dem Arbeitsablauf.

Der Arbeitsablauf ist also ein wesentliches Merkmal eines Arbeitssystems. Mit ihm wird erfaßt,
- wo, z.B. an welchem Arbeitsplatz,
- wann, z.B. in welcher zeitlichen Reihenfolge, und
- womit, z.B. mit welchen Arbeitsmitteln,
die Eingabe eines Arbeitssystems zur Erfüllung der Arbeitsaufgabe verändert wird /2/. Zur Klärung des Arbeitsablaufs gehört auch die Teilung der Arbeitsaufgabe, wenn diese von einem Mitarbeiter an einem Arbeitsplatz allein nicht erfüllt werden kann. Diese Teilung der Arbeit kann einerseits auf vielfache Weise erfolgen, andererseits sind bei der Wahl einer bestimmten Teilung zahlreiche Einflußgrößen zu berücksichtigen. Da die Teilung der Arbeit außerdem die Voraussetzung für die räumliche und zeitliche Zuordnung der Arbeitsplätze ist, muß sie geplant werden.

1.2 Stand der Erkenntnisse

Die Planung des Arbeitsablaufs, insbesondere die der Arbeitsteilung, wird in den bekannten Methoden zur Planung von Arbeitssystemen nicht behandelt. Die von REFA weitverbreitete 6-Stufen-Methode der Systemgestaltung /4/ gibt allgemeine Hinweise für ein Vorgehen, ohne in den Ausführungen zu den einzelnen Stufen auf die Planung des Arbeitsablaufs einzugehen. Die Stufen sind in Bild 3 den Stufen der Planungssystematik zur Ermittlung des optimalen Arbeitssystems von METZGER /3/ gegenübergestellt. Auch hier wird der Arbeitsablauf und seine Planung nicht behandelt. In anderen Arbeiten zur Planung von Arbeitssystemen wird die Planung des Arbeitsablaufs entweder nur gestreift oder nicht behandelt /5, 6, 7/.

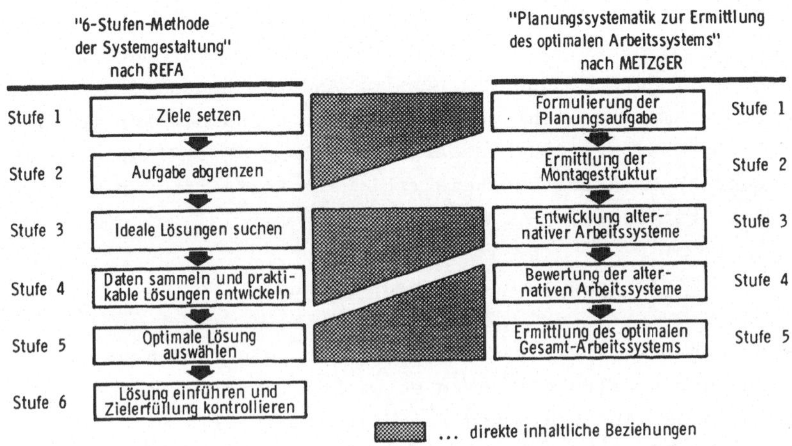

Bild 3: Gegenüberstellung zweier Planungsmethoden

Zur Planung eines Ablaufs führt REFA in /8/ allgemein aus, daß
dazu zunächst Aufgaben in Teilaufgaben gegliedert und danach für
jede Teilaufgabe die Ablaufplanung durchgeführt werden soll. In
/4/ werden von REFA die Ausführungen zur Ablaufplanung detailliert.
Die auf Arbeitssysteme bezogene Ablaufplanung wird Arbeitsablauf-
gestaltung genannt. Bei dieser kommt es nach /4/ darauf an, den
Durchlauf der Arbeitsgegenstände zu beschleunigen, die Arbeitsmittel gut zu nutzen und "die Arbeitsteilung optimal anzuwenden".
Über die "optimale Anwendung der Arbeitsteilung" werden keine
Aussagen gemacht. Die Arbeitsteilung wird nicht geplant. Sie ergibt sich - quasi als Nebenprodukt - mit der Auswahl eines Ablaufprinzips. Ablaufprinzipien sind Grundsätze zur räumlichen
Anordnung und Verbindung mehrerer Arbeitsplätze, die von REFA
in folgenden Formen zur Auswahl gestellt werden /4/:

1) Werkbankfertigung

2) Fertigung nach dem Verrichtungsprinzip

3) Fertigung nach dem Flußprinzip

4) Automatische Fertigung

5) Verfahrenstechnische Fließfertigung

6) Fertigung nach dem Platzprinzip

7) Fertigung nach dem Wanderprinzip

8) Förderarbeiten

Wählt ein Planer das für die Serienmontage übliche Ablaufprinzip
3) Fertigung nach dem Flußprinzip, so ergeben sich häufig Arbeitssysteme, die den eingangs genannten Anforderungen des Absatz-
und Arbeitsmarkts nicht gerecht werden. Grund hierfür ist die mit
dem Flußprinzip vorgegebene Arbeitsteilung. Zur Planung anforde-
rungsgerechter Arbeitssysteme fehlt ein Verfahren zur Planung
der Arbeitsteilung.

1.3   Zielsetzung und Aufgabenstellung

Zielsetzung der vorliegenden Arbeit ist, ein Verfahren zur
Planung der Arbeitsteilung zu entwickeln. Das Verfahren soll
im Rahmen der Ablaufplanung für die industrielle Serienmontage
eines Produkts anwendbar sein. Dieser Zielsetzung wird folgende
Aufgabenstellung zugrunde gelegt:

1. Analyse des über Arbeitsteilung veröffentlichten Schrifttums.
2. Aufstellen eines allgemeinen Ansatzes zur Planung der
   Arbeitsteilung.
3. Konkretisieren des Ansatzes zur Planung der Arbeitsteilung
   durch Einschränkung auf quantifizierbare Kapazitäten [1].
4. Analyse der Kapazitätsplanung zur Abgrenzung gegenüber der
   Arbeitsteilung in Form der Teilung einer Kapazität.
5. Ausarbeiten des Verfahrens zur Planung der Arbeitsteilung
   unter Berücksichtigung betrieblicher Einflußgrößen.
6. Testen des Verfahrens.

Das der Aufgabenstellung entsprechende Vorgehen beim Entwickeln
des Verfahrens zur Planung der Arbeitsteilung zeigt **Bild 4**.

---

[1] Der Begriff Kapazität wird in Kapitel 3.1 näher bestimmt.

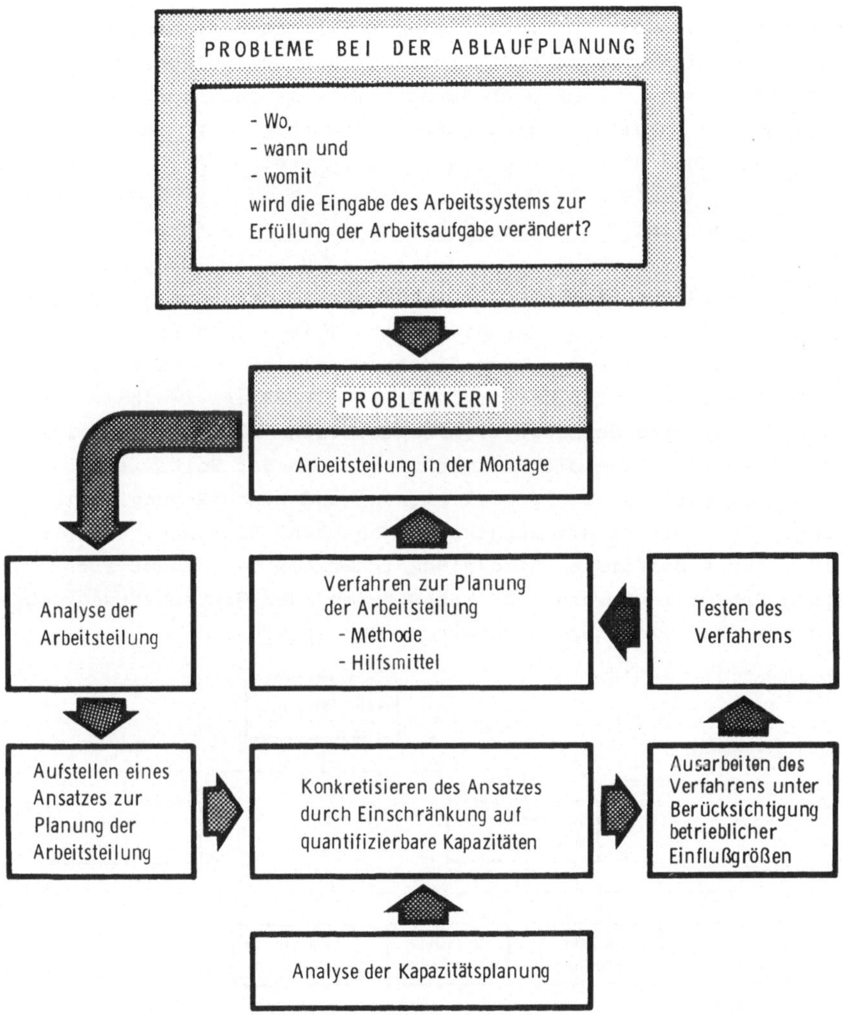

Bild 4: Vorgehen beim Entwickeln des Verfahrens zur Planung
der Arbeitsteilung

2   <u>Arbeitsteilung</u>

Arbeitsteilung wird von verschiedenen Wissenschaftsdisziplinen
unter zum Teil verschiedenen Zielsetzungen bearbeitet. Das
Schrifttum ist entsprechend umfangreich. Im folgenden werden
davon solche Inhalte zusammengefaßt wiedergegeben, die unter
der Zielsetzung dieser Arbeit wesentlich erscheinen.

2.1   <u>Allgemeine Beschreibung des Begriffs Arbeitsteilung</u>

Der BROCKHAUS-Enzyklopädie /9/ ist zu entnehmen, daß Arbeitsteilung der Auflösung einer Arbeitsleistung in Teilverrichtungen
gleicht. Die Inhalte der Begriffe Arbeitsleistung und Teilverrichtung werden dort nicht erklärt. In MEYERS enzyklopädischem
Lexikon /10/ wird der Begriff Arbeitsteilung für die Volkswirtschaft und für die Biologie umschrieben. In der Volkswirtschaft
ist Arbeitsteilung die Spezialisierung und Beschränkung einzelner
Gruppen von "Wirtschaftssubjekten (Menschen, Betriebe, Gebiete,
Länder)" auf bestimmte Tätigkeiten innerhalb des gesamtwirtschaft-
lichen Produktionsprozesses. Entsprechend den Wirtschaftssubjekten
wird zwischen vier Formen unterschieden (<u>Bild 5</u>).

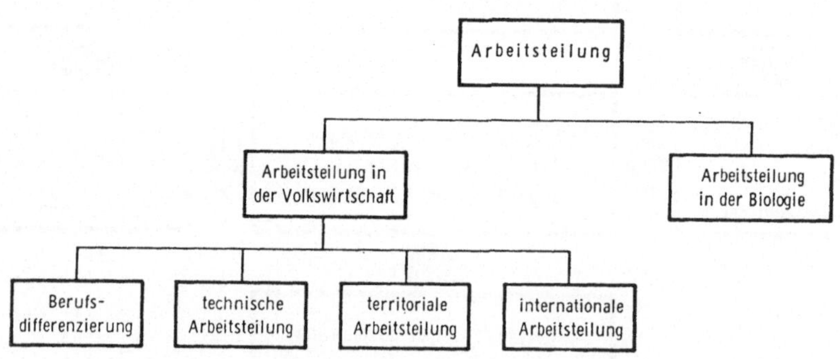

Bild 5: Gliederung der Arbeitsteilung mit Begriffen aus
        MEYERS enzyklopädischem Lexikon

Die für die vorliegende Arbeit wichtige technische Arbeitsteilung
wird als Teilung des Produktionsprozesses in Teilprozesse erklärt.

2.2 Überblick über Aussagen zur Arbeitsteilung

Das Schrifttum zur Arbeitsteilung reicht weit zurück. So erwähnt im Altertum XENOPHON /11/ ein Beispiel der Kleiderherstellung, bei der die einzelnen Arbeitsvorgänge verschiedenen Mitarbeitern zugeteilt wurden. Im weiteren sollen jedoch nur solche Ausführungen zur Arbeitsteilung betrachtet werden, die aus der Zeit starker Industrialisierung stammen. In Bild 6 sind die unter diesem Gesichtspunkt ausgewählten Aussagen zur Arbeitsteilung zusammengestellt.

Im folgenden wird auf die Aussagen nach Wissenschaftsdisziplinen geordnet eingegangen.

2.2.1 Arbeitsteilung aus der Sicht der Betriebs- und Volkswirtschaft

SMITH /12/ beschrieb im Jahre 1776 die Arbeitsteilung an drei Beispielen, von denen das der Stecknadelfertigung als das am deutlichsten beschriebene auszugsweise wiedergegeben werden soll:

"Der eine Arbeiter zieht den Draht, ein anderer streckt ihn, ein dritter schneidet ihn ab, ein vierter spitzt ihn zu, ein fünfter schleift ihn am oberen Ende, damit der Kopf angesetzt werden kann. Die Anfertigung des Kopfes macht wiederum zwei oder drei verschiedene Tätigkeiten erforderlich: das Ansetzen desselben ist eine Arbeit für sich, das Weißglühen der Nadeln ebenso, ja sogar das Einwickeln der Nadeln in Papier bildet eine selbständige Arbeit. Auf diese Weise zerfällt die schwierige Aufgabe, eine Stecknadel herzustellen, in etwa 18 verschiedene Teilarbeiten, die in manchen Fabriken alle von verschiedenen Händen ausgeführt werden, während in anderen zuweilen zwei oder drei derselben von einem Arbeiter allein besorgt werden."

In diesem Beispiel plädiert SMITH für die Teilung der Ausführung der Arbeit. Das zweite Beispiel beschreibt die Arbeitsteilung am Weg eines Produkts von der Gewinnung des Rohstoffs bis zum Verbraucher. Die im dritten Beispiel geschilderte Beschränkung auf die ausschließliche Erzeugung eines bestimmten Produkts nennt SMITH ebenfalls Arbeitsteilung. Er beschreibt jedoch nicht nur die Arbeitsteilung, sondern gibt auch deren grundsätzliche wirtschaftliche Vorteile, wie z.B. höhere Geschicklichkeit, an /13/. Zur Planung der Arbeitsteilung wurden von SMITH keine Aussagen gemacht.

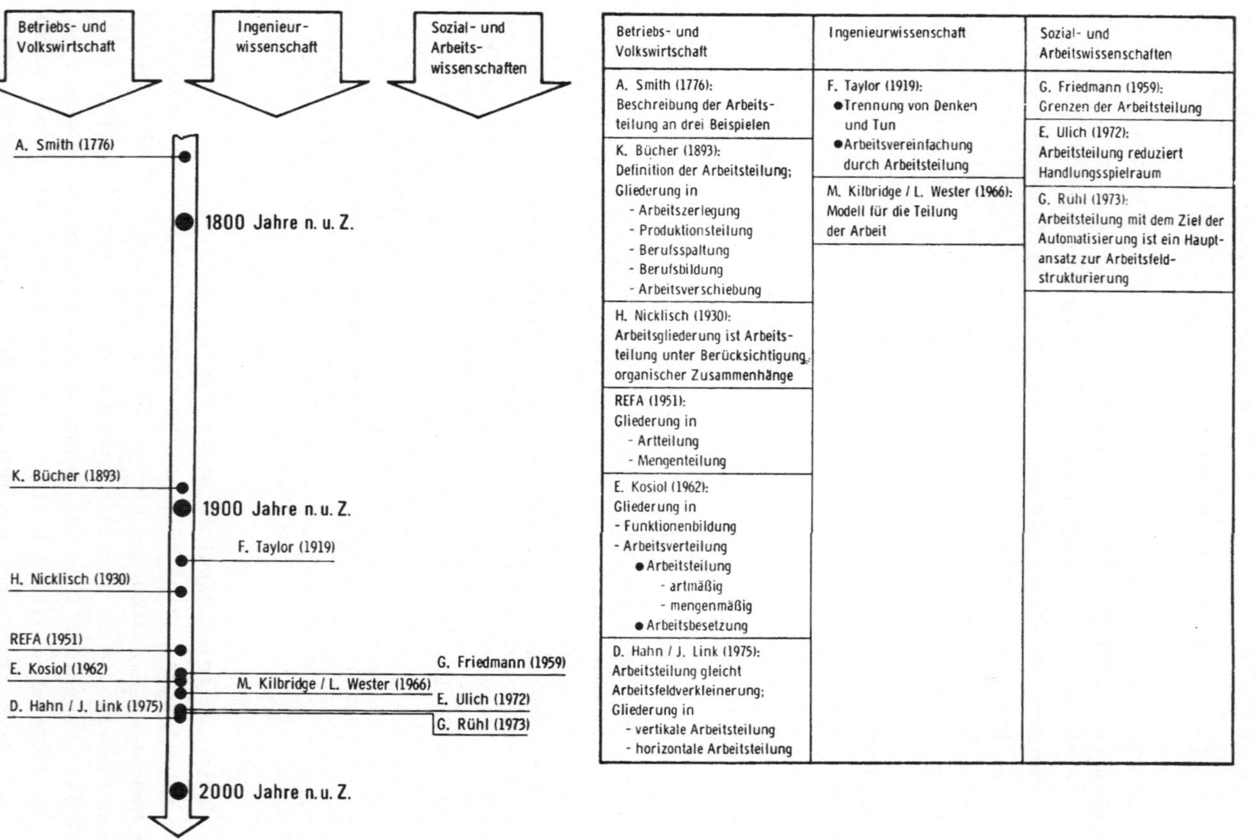

Betriebs- und Volkswirtschaft	Ingenieurwissenschaft	Sozial- und Arbeitswissenschaften
A. Smith (1776): Beschreibung der Arbeitsteilung an drei Beispielen	F. Taylor (1919): ●Trennung von Denken und Tun ●Arbeitsvereinfachung durch Arbeitsteilung	G. Friedmann (1959): Grenzen der Arbeitsteilung
K. Bücher (1893): Definition der Arbeitsteilung; Gliederung in - Arbeitszerlegung - Produktionsteilung - Berufsspaltung - Berufsbildung - Arbeitsverschiebung	M. Kilbridge / L. Wester (1966): Modell für die Teilung der Arbeit	E. Ulich (1972): Arbeitsteilung reduziert Handlungsspielraum G. Rühl (1973): Arbeitsteilung mit dem Ziel der Automatisierung ist ein Hauptansatz zur Arbeitsfeldstrukturierung
H. Nicklisch (1930): Arbeitsgliederung ist Arbeitsteilung unter Berücksichtigung organischer Zusammenhänge		
REFA (1951): Gliederung in - Artteilung - Mengenteilung		
E. Kosiol (1962): Gliederung in - Funktionenbildung - Arbeitsverteilung ●Arbeitsteilung - artmäßig - mengenmäßig ●Arbeitsbesetzung		
D. Hahn / J. Link (1975): Arbeitsteilung gleicht Arbeitsfeldverkleinerung; Gliederung in - vertikale Arbeitsteilung - horizontale Arbeitsteilung		

Bild 6: Zusammenstellung ausgewählter Aussagen zur Arbeitsteilung

BÜCHER /14/ analysierte die von SMITH genannten Beispiele zur
Arbeitsteilung und schlug im Jahre 1893 vor, zwischen folgenden Formen zu unterscheiden:

o A r b e i t s z e r l e g u n g wird die Auflösung eines
  Produktionsabschnittes in einfache, für sich nicht selbständige Arbeitselemente genannt.

o P r o d u k t i o n s t e i l u n g wird die Teilung eines
  ganzen Produktionsprozesses in mehrere wirtschaftlich selbständige Abschnitte genannt.

o B e r u f s s p a l t u n g ist dann gegeben, wenn aus einem
  bestehenden Beruf eine Spezialart abgespalten wird.

o B e r u f s b i l d u n g nennt BÜCHER das Entstehen neuer
  Berufe durch Absplitterung aus hauswirtschaftlicher Betätigung.

o A r b e i t s v e r s c h i e b u n g entsteht, wenn ein
  Teil der menschlichen Arbeit durch Einführung von Maschinen
  übernommen wird. Die Menschen erhalten andere, häufig an-
  spruchsvollere Aufgaben, z.B. die Herstellung eben dieser
  Maschinen.

Die drei erstgenannten Formen entsprechen den Beispielen von
SMITH, während die letzten beiden von BÜCHER erkannt und be-
nannt wurden. Auf die Planung der Arbeitsteilung ging BÜCHER
nicht ein.

NICKLISCH führt in /15/ aus, daß die Arbeit bis in kleinste "Ar-
beitseinheiten" geteilt werden kann. Dabei komme es jedoch darauf
an, daß die Teilung für den Betrieb "im ganzen noch von Nutzen"
ist, d.h. die Teile müssen noch in einem "organischen Zusammenhang" bleiben. Ist dieser gegeben, dann schlägt NICKLISCH vor,
anstatt Arbeitsteilung den Begriff Arbeitsgliederung zu verwenden. Hinweise zum Vorgehen bei der Arbeitsgliederung sind bei
NICKLISCH nicht zu finden.

REFA verwendet den Begriff Arbeitsteilung im Sinne von BÜCHERs
Arbeitszerlegung. Die Notwendigkeit zur Arbeitsteilung wird bei
REFA in /16/ damit erklärt, daß eine Gesamtarbeit so umfangreich

sein kann, daß sie von einem Mitarbeiter alleine z.B. nicht rechtzeitig beendet werden kann. Auf einer der Arbeitszerlegung untergeordneten Ebene unterscheidet REFA die beiden Formen Artteilung und Mengenteilung. Bei der Artteilung soll die Gesamtarbeit in verschiedenartige Teilarbeiten zerlegt werden, die jeweils von verschiedenen Mitarbeitern ausgeführt werden. Bei der Mengenteilung führen mehrere Mitarbeiter eine Arbeit in gleicher Weise aus, so daß eine bestimmte Menge von Arbeitsgegenständen in einer kürzeren Zeit fertiggestellt werden kann.

Für den Fall, daß der Umfang einer Arbeit so groß ist, daß eine Artteilung nicht ausreicht, um in einer bestimmten Frist die geforderte Menge fertigzustellen, schlägt REFA vor, außer Artteilung gleichzeitig auch eine Mengenteilung vorzunehmen. Es wird darauf hingewiesen, daß aber auch in diesem Falle an der Herstellung eines einzelnen Gegenstandes immer nur so viele Mitarbeiter beteiligt sind, wie die Gesamtarbeit in verschiedene Arbeitsvorgänge zerlegt ist. Zur Planung der Arbeitsteilung wird bei REFA nichts ausgeführt.

KOSIOL geht im Rahmen seines Arbeitsanalyse-Arbeitssynthese-Konzepts auf die Arbeitsteilung in /17/ ein. In Verbindung mit der von ihm in /18/ angesprochenen, aus der Sicht eines Unternehmens vorgenommenen Trennung zwischen externer und interner Arbeitsteilung ergibt sich eine Gliederung gemäß Bild 7.

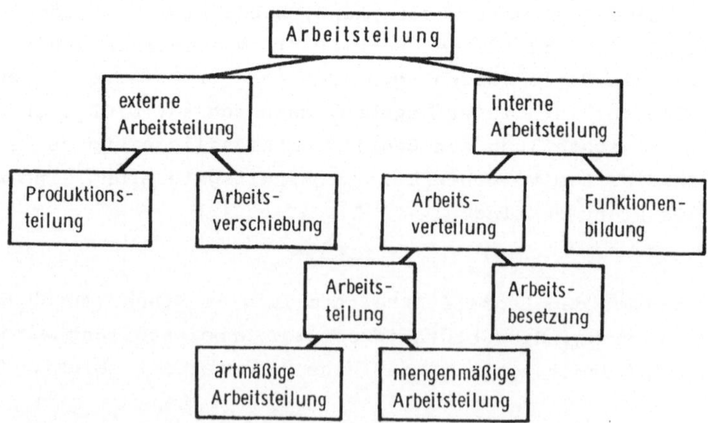

Bild 7: Gliederung der Arbeitsteilung mit Begriffen von KOSIOL

Die externe Arbeitsteilung überschreitet die Grenze eines Unternehmens. Sie wird gegliedert in Produktionsteilung und Arbeits-
verschiebung. Diese beiden Formen, deren Inhalt <u>Bild 8</u> veranschaulicht, sind von BÜCHER her bekannt. KOSIOL spricht von Produktionsteilung, wenn ein komplexer Produktionsprozeß in einzelne Abschnitte zerlegt und dann zum Teil auf vor- und nachgela-
gerte Unternehmen aufgeteilt wird. Das Problem der Zulieferbe-
triebe ordnet KOSIOL ebenfalls der Produktionsteilung zu. Ar-
beitsverschiebung wird als Vorverlegung von Arbeitsvorgängen
aus dem Bereich der Konsumgüterherstellung in den der Investi-
tionsgütererzeugung erklärt.

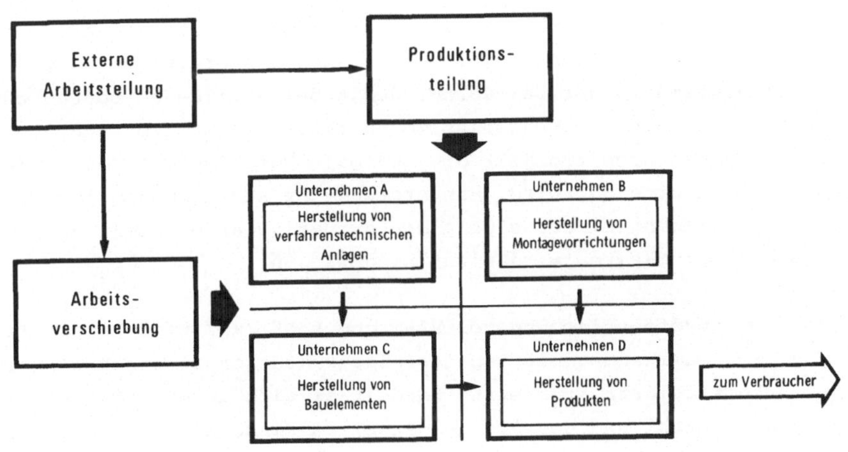

Bild 8: Formen der externen Arbeitsteilung

Die interne Arbeitsteilung ist innerhalb eines Unternehmens an-
zutreffen. KOSIOL setzt sie mit der von BÜCHER bekannten Arbeitszerlegung gleich und unterscheidet dabei die Formen Arbeitsverteilung und Funktionenbildung. Die hier wichtige Arbeitsverteilung gliedert KOSIOL in Arbeitsteilung und in Arbeitsbesetzung.
Der Begriff Arbeitsteilung kommt damit in der Gliederung doppelt
vor. Zur Unterscheidung verwendet KOSIOL zum Teil den Zusatz
"im engeren Sinne" für die untergeordnete Arbeitsteilung. Wenn
im folgenden von Arbeitsteilung nach KOSIOL gesprochen wird, so
ist die Arbeitsteilung im engeren Sinne gemeint.

Unter Arbeitsteilung versteht KOSIOL die Bestimmung von Arbeitsgängen für ein "gedankliches Arbeitssubjekt", d.h. für einen gedachten Mitarbeiter. Für die Zuteilung von Arbeitsgängen zu bestimmten Mitarbeitern, also zu "wirklichen Arbeitssubjekten",
verwendet er den Begriff Arbeitsbesetzung.

Artmäßige Arbeitsteilung erfolgt nach KOSIOL dann, wenn die
Arbeitssubjekte unterschiedliche Arbeitsgänge vollziehen. Sie
erfolgt mengenmäßig, wenn die Arbeitssubjekte gleichartige Arbeitsgänge vollziehen. Diese Unterscheidung entspricht der bei
REFA nach Artteilung und Mengenteilung.

Auf die Planung der Arbeitsteilung geht KOSIOL mit Ausführungen
zur "Arbeitsvereinigung" ein. Bei der Arbeitsvereinigung wird
schwerpunktsmäßig der Zeitablauf des Arbeitsprozesses betrachtet.
Ihr Ziel ist die Leistungsabstimmung aller Arbeitssubjekte, so
daß für jedes Arbeitsobjekt die optimale Durchlaufzeit durch das
Unternehmen erreicht wird. Hintergrund der Ausführungen zur Leistungsabstimmung bildet allein die artmäßige Arbeitsteilung. Auf
andere Möglichkeiten wird nicht hingewiesen.

In einer Veröffentlichung von HAHN und LINK /19/ wird Arbeitsteilung im Zusammenhang mit Arbeitsfeldstrukturierung erwähnt. Bei
der Arbeitsfeldstrukturierung handelt es sich um eine Strukturie-
rung der Anzahl und der Art der Arbeiten eines Mitarbeiters. Die
dabei möglichen Formen zeigt __Bild 9__.

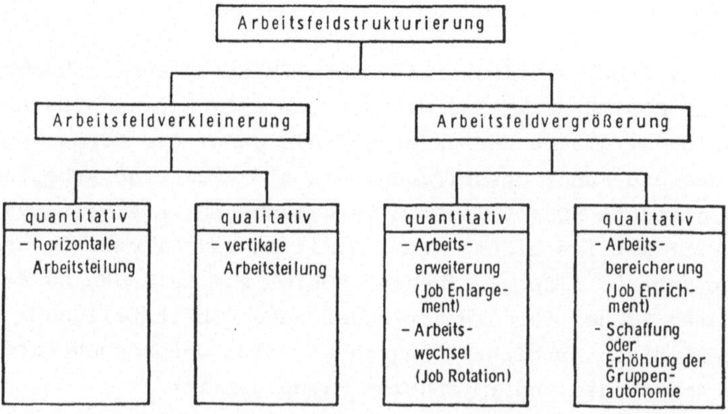

Bild 9: Formen der Arbeitsfeldstrukturierung /19/

Die horizontale Arbeitsteilung entspricht KOSIOLs Arbeitsverteilung, die vertikale der Funktionenbildung. Die quantitative Ar-
beitsfeldvergrößerung ergibt sich aus der Reduzierung der horizon-
talen Arbeitsteilung und die qualitative aus der der vertikalen
Arbeitsteilung. Somit enthält jede Form der Arbeitsfeldstrukturierung Aspekte der Arbeitsteilung. Dennoch wird zu ihrer Planung
nichts ausgesagt.

Neben o.g. Autoren haben sich weitere aus dem Bereich der Betriebs-
und Volkswirtschaft mit der Arbeitsteilung auseinandergesetzt. Auf
diese Autoren sei jedoch nicht näher eingegangen, da sie mit ihren Ausführungen entweder, wie z.B. BECK mit Fragen der gesell-
schaftlichen Arbeitsteilung /20/, über die Grenzen eines Unternehmens hinausgehen oder keine neuen Erkenntnisse liefern. GUTEN-
BERG /21/ beispielsweise verweist im Zusammenhang mit Arbeitsteilung auf SMITH und BÜCHER. MELLEROWICZ definiert Arbeitsteilung ähnlich wie REFA als "die Verteilung mehrerer Funktionen
auf verschiedene Personen in dem selben Zeitpunkt" /22/. In
gleichem Sinne verwenden z.B. auch ULRICH /23/ und LINHARDT
/24/ den Begriff Arbeitsteilung.

2.2.2 Arbeitsteilung aus der Sicht der Ingenieurwissenschaft

Der amerikanische Ingenieur TAYLOR, der als Begründer der "wissen-
schaftlichen Betriebsführung" gilt, unterstreicht in seinem 1919
erschienenen Buch /25/ die Bedeutung der Arbeitsteilung im Sinne
SMITHs. Weiter geht aus TAYLORs Buch hervor, daß er zwischen der
Organisation der Arbeit und der Ausführung der Arbeit, d.h. zwischen
Denken und Tun trennt. Eine derartige Arbeitsteilung wurde von ihm
als günstige Voraussetzung dafür angesehen, daß der Mitarbeiter
durch z.B. gute Einübung viel Geld verdienen kann und deshalb be-
reit ist, hart zu arbeiten. Nach SCHANZ /26/ ist dies das motiva-
tionstheoretische Prinzip, auf dem die wissenschaftliche Betriebsführung, heute vielfach "Taylorismus" genannt, basiert. Auf die
Planung der Arbeitsteilung ging TAYLOR nicht ein.

KILBRIDGE und WESTER veröffentlichten 1961 einen Artikel zum Problem der Artteilung /27/, in dem die Leistungsabstimmung betrachtet
wurde. Mit einem 1966 erschienenen Artikel stellen sie "an economic
model for the division of labor" vor /28/. Dieses Modell berechnet

ebenfalls auf der Basis der Artteilung die Montagekosten je Stück
in Abhängigkeit von der Zykluszeit. Als Zykluszeit wird diejenige
Zeit bezeichnet, in der bei Fließfertigung der Arbeitsgegenstand
den Arbeitsplatz eines Mitarbeiters durchläuft. Zur Planung der
Arbeitsteilung werden auch von KILBRIDGE und WESTER keine Wege
aufgezeigt. Sie wie auch die übrigen Ingenieurwissenschaftler
behandeln hauptsächlich die Leistungsabstimmung bei Artteilung.
Weitere Arbeiten hierzu sind bekannt von z.B. SALVESON /29, 30/,
KILBRIDGE und WESTER /31, 32/, TONGE /33, 34/, GUTJAHR und
NEMHAUSER /35/, MOODIE und YOUNG /36/, HAHN, LUTZ und ROSCHMANN
/37/, RAMSING und DOWNING /38/, LUTZ /39/, GÖRKE und LENTES /40/
sowie GÖRKE /41/ (in chronologischer Reihenfolge). Die kostenoptimale Arbeitsteilung nach dem Kriterium der Zykluszeit wird
von HACKSTEIN und MATTHÉE für den Fertigungsbereich Teilefertigung
in /42/ besprochen. Für den Dienstleistungsbereich liefern GLOBER-
SON und TAMIR /43/ ein Modell ebenfalls für die kostenoptimale
Arbeitsteilung. RICHTER, SCHILLING und WEISE gehen auf die
Arbeitsteilung speziell aus der Sicht der konstruktiven Gestaltung eines Arbeitsgegenstandes in /44/ ein. In keinem dieser
Beiträge wird die Planung der Arbeitsteilung angesprochen.

2.2.3   Arbeitsteilung aus der Sicht der Sozial- und
         Arbeitswissenschaften

Zur Arbeitsteilung, wie sie in der industriellen Produktion anzu-
treffen ist, wurde von Wissenschaftlern verschiedener Fachdiszi-
plinen, insbesondere aber von den Sozialwissenschaftlern kritisch
Stellung genommen. Als Beispiele seien hier DURKHEIM /45/ und
FRIEDMANN genannt, der die Grenzen der Arbeitsteilung /46/ 1959
diskutiert hat. FRIEDMANN versteht die Arbeitsteilung im Sinne
von BÜCHERs Arbeitszerlegung. Er behandelt die Auswirkungen der
Arbeitsteilung auf den arbeitenden Menschen und sieht eine "Aus-
weitung der Arbeitsaufgabe" als Gegenmaßnahme an, ohne aufzuzei-
gen, wie diese erreicht bzw. geplant werden kann.

In den 70er Jahren dieses Jahrhunderts ist eine menschengerechte
Arbeitsgestaltung das Thema zahlreicher Veröffentlichungen. ULICH
sieht in einer Erweiterung des "Handlungsspielraums" einen Ansatz
neuer Formen von Arbeitsgestaltung und Arbeitsorganisation /47/.

Der Handlungsspielraum (<u>Bild 10</u>) ergibt sich aus den Komponenten
Tätigkeitsspielraum sowie Entscheidungs- und Kontrollspielraum.
Die Größe der Komponenten muß dabei nicht immer gleich sein.

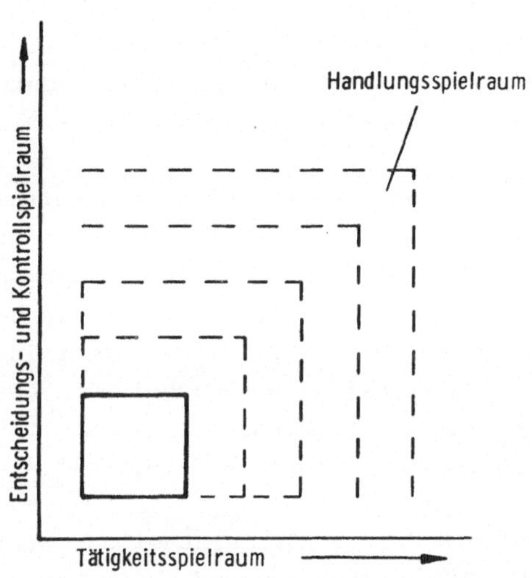

Bild 10: Der Handlungsspielraum als Resultante von Tätigkeitsspielraum sowie Entscheidungs- und Kontrollspielraum /47/

Die Erweiterung des Handlungsspielraums, die nach ULICH für eine
höhere Qualität des Arbeitslebens angestrebt werden sollte, erfordert eine Reduzierung der internen Arbeitsteilung. Dazu führt
ULICH in /48/ aus, daß sich eine Erweiterung des Tätigkeits-
spielraums als Problem der Arbeitsteilung darstellt, während eine
Erweiterung des Entscheidungs- und Kontrollspielraums vorwiegend
den Aspekt der Arbeitsorganisation betrifft. Nähere Aussagen,
wie die Arbeitsteilung geplant werden kann, sind jedoch nicht zu
finden.

RÜHL geht in /49/ auf die Arbeitsteilung im Zusammenhang mit Arbeitsstrukturierung ein. Er sieht in der Arbeitsteilung im Sinne
von Spezialisierung für eine Teilaufgabe ein Prinzip, das den einzelnen Fertigungsvorgang so vereinfacht, daß er, "wenn der Vor-
gang in genügender Regelhaftigkeit und Häufigkeit auftritt", auch

automatisiert werden kann. Für RÜHL ist die Vollautomatisierung
Endziel der Arbeitsteilung. Als Gegenteil der Arbeitsteilung sieht
er die Arbeitserweiterung an. Hinweise für die Planung der Arbeitsteilung oder der Arbeitserweiterung werden nicht gegeben.

Zusammenfassend läßt sich für die Sozial- und Arbeitswissen-
schaften sagen, daß sie sich mit der Auswirkung der Arbeitsteilung
auf den Menschen mehr beschäftigen als mit ihrer Planung. Der
Begriff Arbeitsteilung wird verwendet, aber nur selten definiert.
BAHRDT setzt Arbeitsteilung in /50/ BÜCHERs Arbeitszerlegung
gleich. Nach DAHRENDORF /51/ ist Arbeitsteilung "die Aufgliederung
eines wirtschaftlichen Produktions- und Verwaltungsprozesses in
ineinandergreifende Tätigkeiten, deren Gesamtheit den gewünschten
Leistungseffekt hervorbringt". FÜRSTENBERG nennt in /52/ als
Hauptmerkmale des "institutionellen Bezugsrahmen des Betriebes"
die "Arbeitsteilung (horizontale Spezialisierung)" und die
"Vollmachtenteilung (vertikale Spezialisierung)".

Ein weiter gefaßtes Verständnis von Arbeitsteilung liegt bei GÜLDEN,
KRUTZ und KRUTZ-AHLRING in /53/ zugrunde. Sie nennen ebenfalls
zwei Seiten der Arbeitsteilung: die horizontale und die vertikale
Arbeitsteilung. Die horizontale Arbeitsteilung betrifft die Organisation "letztlich nebeneinanderliegender Arbeitsgänge", während die vertikale Arbeitsteilung das "System hierarchischer
Prozesse im Betrieb, die Bestimmung, Verfügung und Kontrolle
über den Arbeitsprozeß als Ganzes" in Betracht zieht. Unabhängig
von den zum Teil unterschiedlichen Vorstellungen des Begriffs-
inhalts von Arbeitsteilung wird von den Sozial- und Arbeitswissen-
schaftlern eine Reduzierung "zu weit getriebener" oder "extremer"
Arbeitsteilung nahegelegt. Genauere Aussagen werden nicht gemacht.

2.2.4 Disziplinenübergreifende Zuordnung von Begriffen zu Formen der Arbeitsteilung

Gemäß der Zielsetzung dieser Arbeit sollen hier nur solche Begriffe zur Arbeitsteilung betrachtet werden, die der internen Arbeitsteilung untergeordnet werden können. Die interne Arbeitsteilung, d.h. die Arbeitsteilung innerhalb eines Unternehmens, betrifft in der Literatur grundsätzlich eine Teilung der Ausführung der Arbeit. Nicht immer wird in der Literatur erwähnt oder durch einen neuen Begriff zum Ausdruck gebracht, daß eine andere Form der internen Arbeitsteilung ebenfalls zu beachten ist: die Trennung des Organisierens vom Ausführen der Arbeit.

Die Inhalte der verschiedenen Formen der internen Arbeitsteilung, die nach Ansicht des Verfassers auch begrifflich z.B. entsprechend FÜRSTENBERGs Vorschlag auseinandergehalten werden sollten, sind in <u>Bild 11</u> durch die Teilung einer Fläche symbolisiert. Die Fläche entspricht im Falle von FÜRSTENBERGs Arbeitsteilung der Ausführung der Arbeit, die geteilt ist, und im Falle von FÜRSTENBERGs Vollmachtenteilung einer Arbeit, die aus Organisieren und Ausführen besteht und die dazwischen geteilt ist.

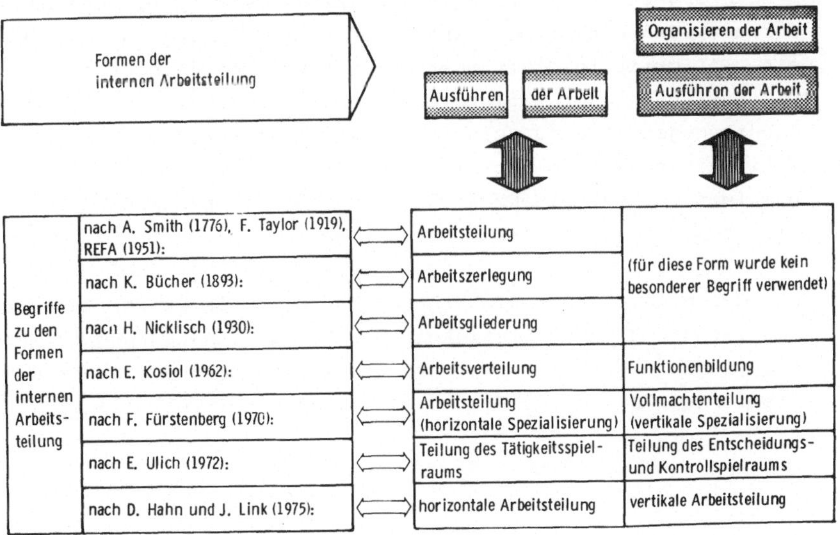

Begriffe zu den Formen der internen Arbeitsteilung			
nach A. Smith (1776), F. Taylor (1919), REFA (1951):	Arbeitsteilung	(für diese Form wurde kein besonderer Begriff verwendet)	
nach K. Bücher (1893):	Arbeitszerlegung		
nach H. Nicklisch (1930):	Arbeitsgliederung		
nach E. Kosiol (1962):	Arbeitsverteilung	Funktionenbildung	
nach F. Fürstenberg (1970):	Arbeitsteilung (horizontale Spezialisierung)	Vollmachtenteilung (vertikale Spezialisierung)	
nach E. Ulich (1972):	Teilung des Tätigkeitsspielraums	Teilung des Entscheidungs- und Kontrollspielraums	
nach D. Hahn und J. Link (1975):	horizontale Arbeitsteilung	vertikale Arbeitsteilung	

Bild 11: Formen der internen Arbeitsteilung und dazugehörige Begriffe

Die Ausprägung der internen Arbeitsteilung hängt von vielen
Einflußgrößen, wie z.B. der Größe eines Unternehmens, ab. Sie
spiegelt sich in der Ablauf- und in der Aufbauorganisation
wider. Da für Arbeitssysteme des Fertigungsbereichs Montage
insbesondere die Ausführung der Arbeit zu planen ist, wird
die interne Arbeitsteilung nur für die Form weiterverfolgt,
die der Teilung der Arbeitsausführung entspricht. Diese Form
soll künftig im Sinne FÜRSTENBERGs als Arbeitsteilung bezeichnet werden.

2.3 Ansatz zur Planung der Arbeitsteilung in der industriellen Serienmontage

Die Ausführung der Arbeit läßt sich bei industrieller Serienmontage in zwei Faktoren gliedern: in die A u s f ü h r u n g
d e r T ä t i g k e i t , z.B. Montage von Einzelteilen zu
einem Produkt, und in H ä u f i g k e i t d e r T ä t i g -
k e i t s a u s f ü h r u n g , z.B. die genannte Montagetätigkeit an soundso vielen Produkten täglich ausführen.

Die beiden Faktoren liegen der Arbeitsaufgabe für ein Arbeitssystem zugrunde. Sie sind multiplikativ verknüpft, wenn man
fordert, daß eine Arbeitsausführung nur dann gegeben ist, wenn
eine Tätigkeit in einer bestimmten Häufigkeit ausgeführt wird.
Die Ausführung der Tätigkeit ist hier als Arbeitsausführung je
Arbeitsgegenstand zu verstehen. Die Dauer für die Ausführung der
Tätigkeit kann z.B. mit Hilfe der Systeme vorbestimmter Zeiten
bestimmt werden. Die Häufigkeit der Tätigkeitsausführung ist von
sich aus eine quantifizierbare Größe.

Mit den beiden quantifizierbaren Faktoren "Dauer der Ausführung
der Tätigkeit" und "Häufigkeit der Tätigkeitsausführung" läßt
sich somit die Arbeitsausführung oder genauer: die Dauer der
Arbeitsausführung als Fläche quantitativ darstellen (Bild 12).

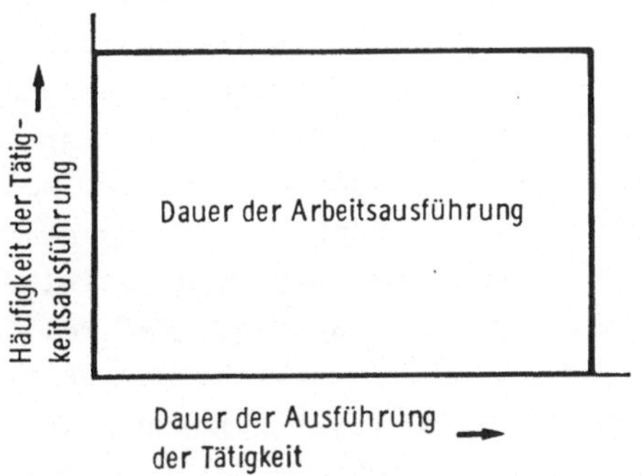

Bild 12: Dauer der Arbeitsausführung

Die Planung der Arbeitsteilung setzt bei einer Teilung dieser als Fläche abgebildeten Arbeitsausführung an. Mit dieser Fläche kann man die Formen der Arbeitsteilung als Teilung der Arbeitsausführung veranschaulichen. <u>Bild 13</u> zeigt die Formen mit den Begriffen, die dazu in der Literatur häufig genannt werden.

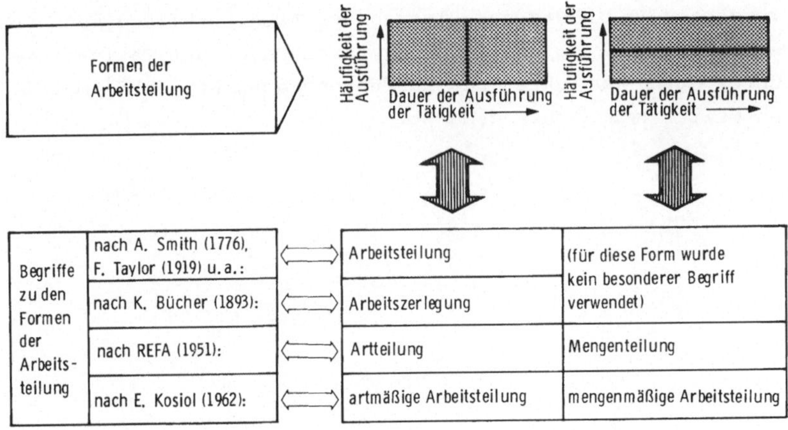

Begriffe zu den Formen der Arbeitsteilung			
nach A. Smith (1776), F. Taylor (1919) u.a.:		Arbeitsteilung	(für diese Form wurde kein besonderer Begriff verwendet)
nach K. Bücher (1893):		Arbeitszerlegung	
nach REFA (1951):		Artteilung	Mengenteilung
nach E. Kosiol (1962):		artmäßige Arbeitsteilung	mengenmäßige Arbeitsteilung

Bild 13: Formen der Arbeitsteilung und dazugehörige Begriffe

Jeder Form entspricht eine Arbeit von z.B. zwei Mitarbeitern – dargestellt durch zwei Teilflächen –, die je nach Form unterschiedlich geteilt ausgeführt wird. Auf diesen Unterschied in den Formen der Arbeitsteilung wird von SMITH, BÜCHER u.a. nicht ausdrücklich, z.B. durch Verwendung unterschiedlicher Begriffe, hingewiesen. Nach Ansicht des Verfassers ist es jedoch wichtig, wie REFA und KOSIOL zwischen den beiden Formen Artteilung bzw. artmäßige Arbeitsteilung und Mengenteilung bzw. mengenmäßige Arbeitsteilung zu unterscheiden, denn die Formen kennzeichnen verschiedene Inhalte: Bei der Artteilung wird je Teilfläche (vgl. Bild 13) die gesamte Häufigkeit, aber nur ein Teil der Tätigkeit ausgeführt. Diese Aussage entspricht der REFA-Definition von Artteilung. Danach ist **A r t t e i l u n g** die Verteilung einer Arbeitsaufgabe auf mehrere Menschen derart, daß jeder einen Teil des Gesamtablaufs an der Gesamtmenge ausführt /2/. Bei der Mengenteilung wird je Teilfläche die gesamte Tätigkeit an einem Teil der Häufigkeit ausgeführt. Auch diese Aussage entspricht der REFA-Definition von Mengenteilung. **M e n g e n - t e i l u n g** ist die Verteilung einer Arbeitsaufgabe auf mehrere Menschen derart, daß jeder den Gesamtablauf an einer Teilmenge ausführt /2/.

Der vorgestellte Ansatz zur Planung der Arbeitsteilung, der von der Arbeitsausführung und ihren Faktoren Dauer der Tätigkeitsausführung und Häufigkeit der Ausführung ausgeht, wird im folgenden weiter handhabbar gemacht.

3 Kapazitätsteilung als quantifizierbare Arbeitsteilung

3.1 Kapazität und Arbeitsaufgabe

Der Begriff Kapazität wird im wirtschaftswissenschaftlichen,
naturwissenschaftlichen und technischen Schrifttum mit unterschiedlichem Inhalt verwendet /54/. Im Zusammenhang mit Arbeitssystemen definiert REFA in /55/: "Die Kapazität eines Arbeitssystems besteht aus Menschen und Betriebsmitteln, die im Hinblick
auf die Erfüllung bestimmter Aufgaben qualitativ und quantitativ
beschrieben sind." Weiter wird dort ausgeführt, daß die
q u a l i t a t i v e Kapazität eines Menschen durch dessen
Leistungsangebot und die eines Betriebsmittels durch dessen
Leistungsvermögen gegeben ist. Die q u a n t i t a t i v e
Kapazität ergibt sich aus "der Anzahl sowie dem Zeitpunkt und
der Dauer des Einsatzes eines Menschen oder Betriebsmittels."
In Bild 14 ist der Inhalt der Elemente quantitativer Kapazität
für zwei Beispiele von Projekten, die sich in der Laufzeit unterscheiden, verdeutlicht.

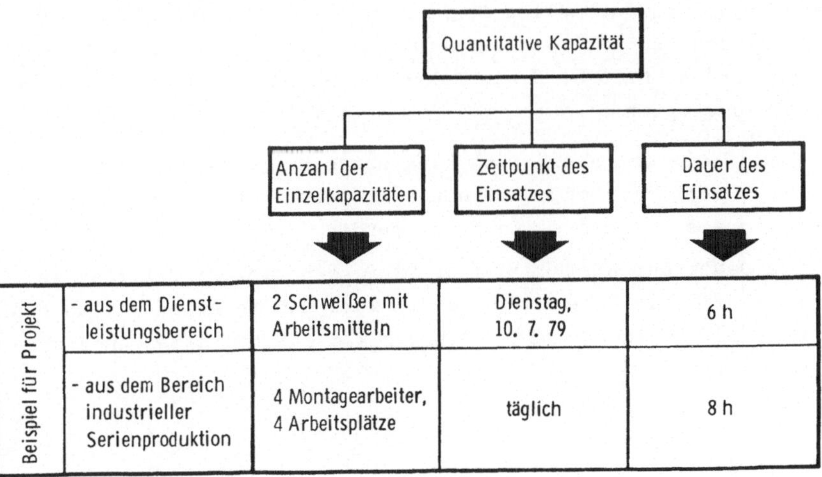

Beispiel für Projekt	Anzahl der Einzelkapazitäten	Zeitpunkt des Einsatzes	Dauer des Einsatzes
- aus dem Dienst-leistungsbereich	2 Schweißer mit Arbeitsmitteln	Dienstag, 10. 7. 79	6 h
- aus dem Bereich industrieller Serienproduktion	4 Montagearbeiter, 4 Arbeitsplätze	täglich	8 h

Bild 14: Elemente der quantitativen Kapazität

Für die im Rahmen dieser Arbeit anzustellenden Betrachtungen ist
insbesondere das untere Beispiel aus dem Bereich industrieller
Serienproduktion von Bedeutung. Das Element "Zeitpunkt des Einsatzes" ist hier als ständige Wiederholung von Zeitpunkten
(Aufeinanderfolge der Arbeitstage) zu deuten. Beim Element
"Dauer des Einsatzes" wurde 1-Schicht-Betrieb angesetzt. Zwischen dem Beispiel und dem Inhalt der Elemente ergeben sich
keine Widersprüche. Somit kann die quantitative Kapazität bei
industrieller Serienproduktion wie folgt verstanden werden:

o Die q u a n t i t a t i v e K a p a z i t ä t eines
   Arbeitssystems besteht aus den quantitativen Kapazitäten
   der Menschen und der Arbeitsmittel. Sie ergibt sich aus
   dem Einsatz der Menschen und der Arbeitsmittel, der in
   Zeiteinheiten je Zeitabschnitt meßbar ist.

Wenn im folgenden von Kapazität gesprochen wird, dann ist damit
eine quantitative Kapazität im genannten Sinne gemeint.

Eine Arbeitsaufgabe und die Arbeitsausführung als ihre Erfüllung
kann in der industriellen Serienmontage als Kapazität verstanden
und demnach ebenfalls in Zeiteinheiten je Zeitabschnitt quantifiziert werden. Dazu sind die Faktoren der Arbeitsausführung wie
folgt zu verstehen:

o Häufigkeit der Ausführung kann durch Menge je Zeitabschnitt
   bzw., wenn die Menge auf einen Arbeitstag bezogen wird, durch
   T a g e s m e n g e ersetzt werden.

o Die Dauer der Ausführung der Tätigkeit gleicht der Zeit je
   Mengeneinheit, die im folgenden kurz und in Anlehnung an den
   Begriff Tagesmenge mit S t ü c k z e i t bezeichnet wer-
   den soll.

Damit gilt allgemein:

$$\text{Kapazität} = \text{Tagesmenge} \cdot \text{Stückzeit} \qquad (1)$$

In einem T a g e s m e n g e - S t ü c k z e i t - D i a -
g r a m m kann die Kapazität als Fläche dargestellt werden
(vgl. Bild 12). Grundsätzlich sei eine Fläche im Tagesmenge-
Stückzeit-Diagramm K a p a z i t ä t s f e l d genannt. Ein
Kapazitätsfeld entspricht der Arbeitsausführung. Bevor auf die
Teilung der Arbeitsausführung in Form der Teilung einer Kapazität eingegangen wird, sei die Kapazität genauer betrachtet.

3.2 Dimensionierung der Kapazität

Bei der Betrachtung der Kapazität ist zwischen Kapazitätsbedarf
und Kapazitätsangebot zu unterscheiden. Das Bestimmen des Kapazitätsbedarfs und des Kapazitätsangebots sei Dimensionierung
genannt, ebenso das Bestimmen des Verhältnisses von Angebot zu
Bedarf bei gegebenem Bedarf.

3.2.1 Dimensionierung des Kapazitätsbedarfs

Ein Kapazitätsbedarf C entsteht aufgrund einer Arbeitsaufgabe.
Er ergibt sich aus der Multiplikation von gesamter zu ferti-
gender Tagesmenge, die statt Gesamttagesmenge der Einfachheit
halber Gesamtmenge N genannt werden soll, und der für die gesamte Montage eines Produkts benötigten Zeit, der sogenannten
Gesamtstückzeit t_e:

$$C = N \cdot t_e \qquad\qquad (2)$$

Die Daten für die Gesamtmenge und die Gesamtstückzeit können
im Planungsstadium häufig nur grob vorhergesagt werden. Die
Höhe der Gesamtmenge hängt von der Absatzentwicklung des
Produkts ab. Bild 15 zeigt hierzu einen möglichen Verlauf
der Tagesmenge eines Produkts über der Zeit.

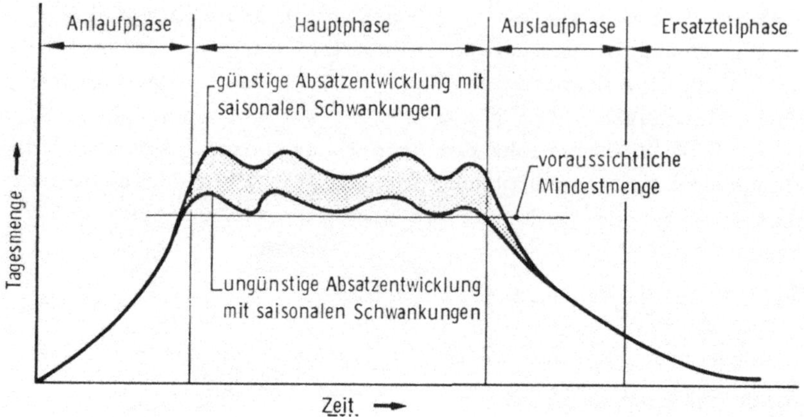

Bild 15: Möglicher Verlauf der Tagesmenge eines Produkts über
der Zeit

Während der Anlaufphase eines Produkts steigt die Tagesmenge.
Während der Hauptphase unterliegt sie saisonalen Schwankungen. In
der Auslaufphase geht sie zurück und erreicht schließlich in der
Ersatzteilphase ein Minimum. Die Unsicherheiten bezüglich des
Verlaufs der Tagesmenge müssen bei der Dimensionierung des
Kapazitätsbedarfs ebenso berücksichtigt werden wie die, die
von Seiten der Gesamtstückzeit herrühren.

Die Gesamtstückzeit kann oft erst dann genau vorbestimmt werden,
wenn das Arbeitssystem, in dem das Produkt montiert werden soll,
geplant ist. Da aber gerade dieses Arbeitssystem erst zu planen
ist, muß zunächst auf einen vorläufigen Wert für die Gesamtstückzeit zurückgeriffen werden. Er kann im Laufe eines iterativen
Planungsprozesses korrigiert werden. Die Gesamtstückzeit ändert
sich gegebenenfalls auch bei einer konstruktionsseitigen Änderung am Produkt.

Der Kapazitätsbedarf einer Arbeitsaufgabe sei für ein gedachtes
Beispiel, auf das auch an künftigen Stellen zurückgegriffen
wird, berechnet. Nimmt man an, daß täglich 240 Produkte zu
montieren sind und daß die gesamte Montage eines einzelnen
Produkts 8 Minuten dauert, so ergibt sich für die Erfüllung
dieser Arbeitsaufgabe nach Gleichung (2) ein Kapazitätsbedarf
von C = 1920 min/Tag. Dieser ist im **Bild 16** im Tagesmenge-
Stückzeit-Diagramm dargestellt.

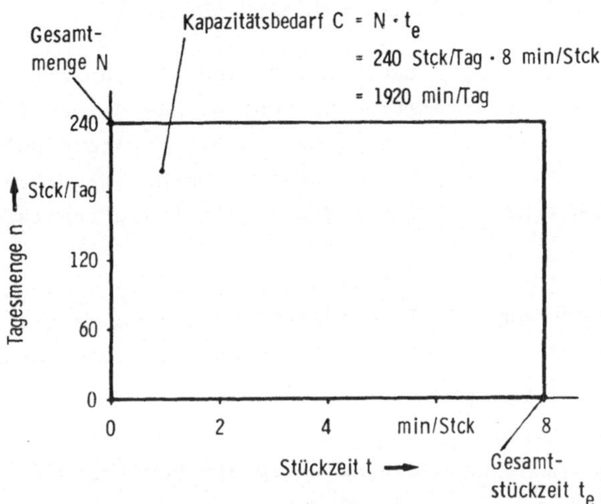

Bild 16: Kapazitätsbedarf einer Arbeitsaufgabe

Die Gesamtstückzeit t_e ist grundsätzlich mindestens gleich der
Summe der Stückzeiten aller Teilverrichtungen. Eine Teilverrichtung ist eine in sich abgeschlossene Montagetätigkeit und sollte,
da sie sinnvoll nicht weiter unterteilt werden kann, von einem
Mitarbeiter vollständig ausgeführt werden /39/. "Sinnvoll" bezieht
sich auf die Stückzeit t_{TV} zur Ausführung der Teilverrichtung
TV. Wird die Teilverrichtung geteilt, ist zur Ausführung ihrer
Teile durch verschiedene Mitarbeiter eine im Vergleich zur ungeteilten Teilverrichtung längere Stückzeit notwendig, da zusätzliche Handhabungen, z.B. Weitergeben des Produkts, auftreten.
Eine Teilverrichtung sei deshalb unteilbar genannt.

Die Gesamtstückzeit t_e ist größer als die Summe der Stückzeiten
aller Teilverrichtungen, wenn im Verlauf der gesamten Montage
Wartezeiten, z.B. aufgrund eines mechanisch ablaufenden Pro-
zesses, auftreten. Es gilt:

$$t_e \geqq \sum_{j=1}^{J} t_{TV_j} \qquad (3)$$

3.2.2 Dimensionierung des Kapazitätsangebots

Zur Deckung eines Kapazitätsbedarfs sind als Kapazitätsangebot Mitarbeiter und Arbeitsmittel notwendig, die getrennt betrachtet werden können. Die Bereitstellung von Mitarbeitern soll im weiteren als lösbar angesehen werden. Die Arbeitsmittel und insbesondere die Arbeitsplätze müssen geplant und realisiert werden.

Bei der Dimensionierung des Kapazitätsangebots c_i eines Arbeitsplatzes i sind hauptsächlich folgende Daten zu bestimmen:

o Anwesenheitszeit t_{d_S} des den Arbeitsplatz besetzenden Mitarbeiters je Schicht

o Anzahl Schichten z_S

o Leistungsgrad LG des den Arbeitsplatz besetzenden Mitarbeiters. Der Leistungsgrad ist das Verhältnis von vorbestimmter Zeit zu tatsächlich benötigter Zeit.

o Technischer Nutzungsgrad NG des Arbeitsplatzes. Die Berücksichtigung des technischen Nutzungsgrades stellt sicher, daß technisch bedingte Störungen an Betriebsmitteln nicht zu einem Lieferverzug führen.

Mit diesen Daten berechnet man das Kapazitätsangebot c_i eines Arbeitsplatzes i:

$$c_i = t_{d_S} \cdot z_S \cdot LG \cdot NG \qquad (4)$$

Für alle weiteren Ausführungen wird von einer täglichen Arbeitszeit t_d entsprechend 1-Schicht-Betrieb und gleichbleibendem Leistungs- und technischem Nutzungsgrad ausgegangen:

$$c_i = t_d = constant \qquad (5)$$

Bild 17 zeigt als Beispiel das Kapazitätsangebot eines Arbeitsplatzes im Tagesmenge-Stückzeit-Diagramm. An diesem Arbeitsplatz kann eine Montagetätigkeit ausgeführt werden, die je Produkt drei Minuten dauert. Das heißt am Arbeitsplatz i kann die der Stückzeit t_i entsprechende Montagetätigkeit verrichtet werden. Da das Kapazitätsangebot c_i des Arbeitsplatzes i konstant ist, läßt sich mit der Stückzeit t_i die Tagesmenge n_i errechnen, die von diesem Arbeitsplatz erwartet werden kann:

$$n_i = c_i \, / \, t_i \qquad\qquad (6)$$

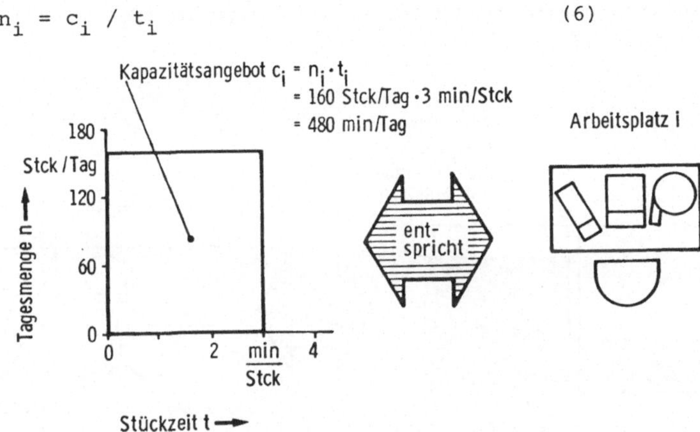

Bild 17: Kapazitätsangebot eines Arbeitsplatzes

Das Kapazitätsangebot des Arbeitsplatzes ist nutzbar, wenn ein Mitarbeiter diesen Arbeitsplatz kontinuierlich besetzt. Das Kapazitätsangebot des Mitarbeiters deckt sich in diesem Fall mit dem des Arbeitsplatzes (Bild 18).

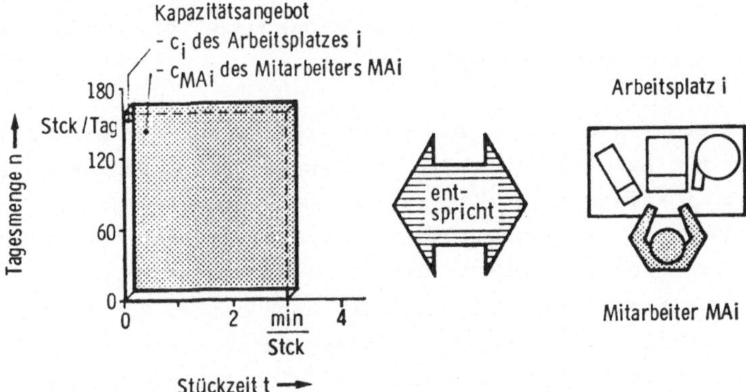

Bild 18: Nutzbares Kapazitätsangebot von Arbeitsplatz und Mitarbeiter

Wenn der Mitarbeiter z.B. aufgrund einer organisatorischen Maß-
gabe im Tagesverlauf auch an anderen Arbeitsplätzen arbeitet,
dann verteilt er seine Kapazität auf mehrere, im Beispiel von
Bild 19 auf zwei Arbeitsplätze. Hier montiert der Mitarbeiter
zwei Stunden je Tag auf dem ersten und sechs Stunden je Tag auf
dem zweiten Arbeitsplatz. Das Kapazitätsangebot der einzelnen
Arbeitsplätze bleibt bestehen, aber es wird in diesem Fall nur
zu einem Teil genutzt.

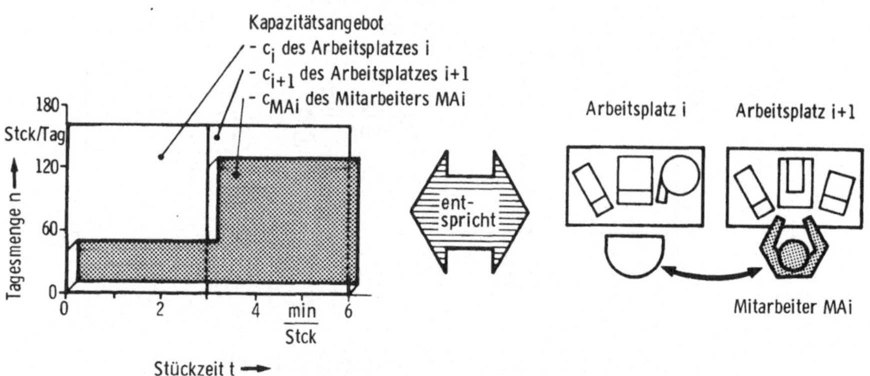

Bild 19: Beispielhafte Verteilung der Kapazität eines Mitarbeiters, der an zwei Arbeitsplätzen montiert

Wenn ein Mitarbeiter an einem Arbeitsplatz weniger Montagetätigkeiten ausführt als an diesem Arbeitsplatz ausgeführt werden könnten, dann ergibt sich eine Tagesmenge, die größer ist
als eine nach Gleichung (6) berechnete.

Bild 20 veranschaulicht eine Montagearbeit, bei der ein Mitarbeiter an einem Arbeitsplatz vier Stunden je Tag je Produkt alle
Montagetätigkeiten, z.B. Vormontage und Justage, ausführt und
vier Stunden je Tag lediglich vormontiert. Am Ende des Tages
sind einige Produkte vormontiert und justiert, und eine größere
Anzahl Produkte ist nur vormontiert. Auch dieses Beispiel zeigt,
daß die Verteilung der Kapazität eines Mitarbeiters nicht zwangs-
läufig vom Kapazitätsangebot eines Arbeitsplatzes abhängt.

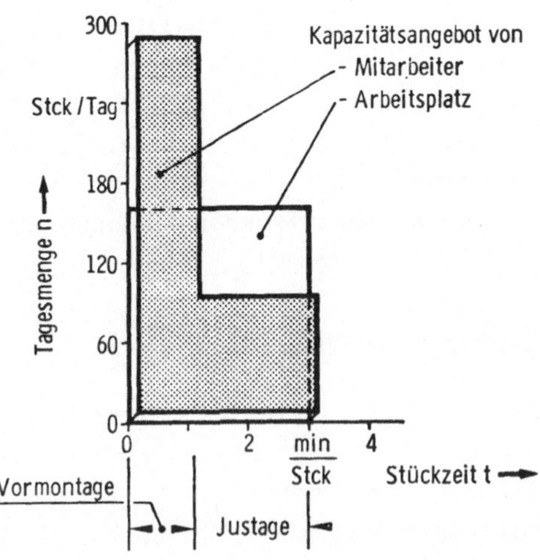

Bild 20: Beispielhafte Verteilung der Kapazität eines Mitarbeiters, der an einem Arbeitsplatz arbeitet

Allgemein gilt für das Kapazitätangebot c_{MA} eines Mitarbeiters MA, der an einem oder mehreren Arbeitsplätzen arbeitet:

$$c_{MA} = \sum_{j=1}^{p} n_{MA_j} \cdot t_{TVMA_j} \tag{7}$$

wobei $p \leqq J$ und

$$\sum_{j=1}^{p} t_{TVMA_j} \gtreqless t_i \tag{8} \tag{9} \tag{10}$$

Die Gleichung (8) gilt, wenn der Mitarbeiter an mehreren Arbeitsplätzen arbeitet, die Gleichung (9) gilt bei Ausführung der Stückzeit des Arbeitsplatzes i und die Gleichung (10) bei Ausführung eines Teils der Stückzeit des Arbeitsplatzes i.

Obige Beispiele und Ausführungen verdeutlichen, daß die Verteilung der Kapazität eines Mitarbeiters auch bei bestehenden Arbeitsplätzen von der Organisation und von der Qualifikation des Mitarbeiters abhängt. Anders verhält es sich mit der Verteilung der Kapazität von Arbeitsplätzen. Diese ist durch organisatorische Maßnahmen nach der Realisierung der Arbeitsplätze kaum zu beeinflussen und muß deshalb geplant werden.

3.2.3 Der Dimensionierungsgrad

Ist der Kapazitätsbedarf C einer Arbeitsaufgabe größer als das Kapazitätsangebot c eines einzelnen Arbeitsplatzes, muß er geteilt, das heißt auf mehrere Arbeitsplätze verteilt werden. Für die Anzahl m von Arbeitsplätzen gilt:

$$m = \lceil C/c \rceil^{+} \qquad (11)$$

Das hochgestellte Pluszeichen bedeutet, daß der Wert innerhalb der Klammer bis zur Ganzzahligkeit aufgerundet wird. Dadurch ist berücksichtigt, daß nur "ganze" Arbeitsplätze aufgebaut werden können. Aufgrund der Unsicherheiten beim Bestimmen des Kapazitätsbedarfs einer Arbeitsaufgabe und des Kapazitätsangebots eines Arbeitsplatzes ist es zweckmäßig, das Kapazitätsangebot durch zusätzliche Arbeitsplätze zu erhöhen. Das Verhältnis von gesamtem Kapazitätsangebot $m \cdot c$ zu geplantem Kapazitätsbedarf sei
D i m e n s i o n i e r u n g s g r a d   DG genannt:

$$DG = \frac{m \cdot c}{C} \qquad (12)$$

Der Dimensionierungsgrad ist eine Kennzahl, nach der sich mögliche Planungslösungen unterscheiden und bewerten lassen. Beispielsweise ist eine Lösung mit hohem Wert für den Dimensionierungsgrad günstiger als eine mit niedrigem Wert, wenn jeweils lediglich der Mindestkapazitätsbedarf kalkuliert wurde und Steigerungen der zu fertigenden Tagesmenge erwartet werden. Die Auswirkungen solcher Steigerungen können bei Lösungen mit großem Dimensionierungsgrad einfacher, z.B. durch Besetzen bereits vorhandener Arbeitsplätze, bewältigt werden.

Nachdem die Anzahl von Arbeitsplätzen ermittelt ist, muß
der Kapazitätsbedarf der Arbeitsaufgabe auf die Arbeitsplätze
verteilt werden. Damit ist man bei einer Aufgabe angelangt,
deren Ergebnis Kapazitätsteilung genannt werden soll.

3.3   Definition der Kapazitätsteilung

Die Ausführung einer Arbeit läßt sich in eine quantitative
Kapazität transformieren. Eine Teilung der Ausführung der
Arbeit, das heißt eine Arbeitsteilung, ergibt eine Kapazitäts-
teilung. Diese wird wie folgt definiert:

o   K a p a z i t ä t s t e i l u n g ist die Teilung eines
     Kapazitätsbedarfs in Kapazitätsbedarfsteile so, daß jedes
     Kapazitätsbedarfsteil durch das Kapazitätsangebot eines
     Arbeitsplatzes gedeckt werden kann.

Bei der Planung der Kapazitätsteilung werden zunächst verschiedene Formen der Kapazitätsteilung entwickelt, die dann
in einem zweiten Schritt bewertet werden. Bei der Entwicklung von Formen der Kapazitätsteilung wird das dem Kapazitätsbedarf entsprechende Kapazitätsfeld in Teilflächen gleicher
Flächeninhalte aufgeteilt. Die Anzahl der Teilflächen entspricht der Anzahl von Arbeitsplätzen.

Die Vermutung, Kapazitätsteilung sei ein Problem der Kapazitätsplanung, liegt von der Begriffsähnlichkeit her nahe. Deshalb wird im folgenden die Kapazitätsteilung insbesondere zur
Kapazitätsplanung abgegrenzt.

Die Aufgabe der Kapazitätsplanung ist, die Voraussetzung hinsichtlich Mensch und Betriebsmittel für eine wirtschaftliche
und menschengerechte Aufgabenerfüllung zu schaffen /55, 56, 57/.
Dies erfordert im einzelnen die Ermittlung von Kapazitätsbestand
und -bedarf sowie deren Abstimmung, die Planung der Beschaffung
und Entwicklung von Kapazität sowie die Planung des Einsatzes
der Kapazität. Als zentrale Aufgabe der Kapazitätsplanung ist
die Abstimmung von Kapazitätsbestand und Kapazitätsbedarf für
die Gegenwart und für die Zukunft anzusehen /55, 56, 57/.

Die genannten Aufgaben lassen sich in kurz- und mittelfristige
sowie in langfristige gliedern. Die ersteren werden nicht weiter
verfolgt, denn sie betreffen bereits vorhandene Kapazitäten.

Die langfristige Kapazitätsplanung führt z.B. im Falle von zu
niedrigem Kapazitätsbestand zur Planung von Arbeitssystemen.
Diese kann in Ablaufplanung, Betriebsmittelplanung, Personal-
planung sowie Material- und Informationsplanung gegliedert
werden. Die Ablaufplanung muß Fragen der Arbeitsteilung und
damit die Kapazitätsteilung klären. Die Planung der Kapazitätsteilung oder kurz: die Kapazitätsteilungsplanung kann also als
Teil der Ablaufplanung angesehen und so in den Gesamtaufbau der
betrieblichen Planung gemäß Bild 21 eingegliedert werden.

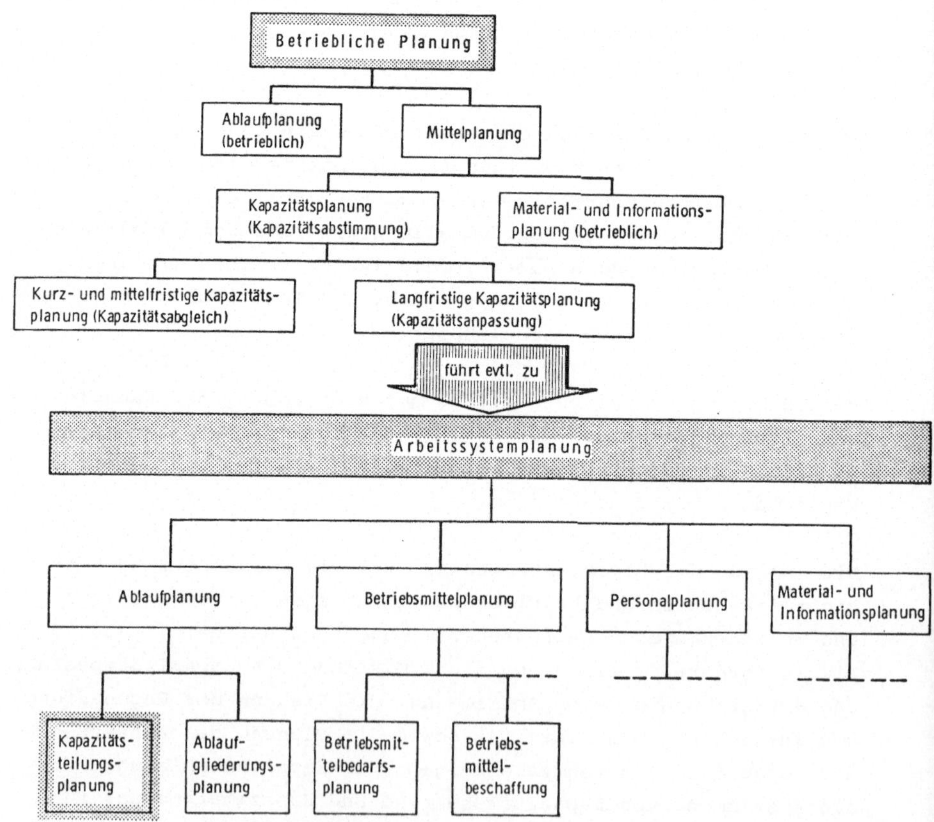

Bild 21: Kapazitätsteilungsplanung in der betrieblichen Planung

3.4 Charakteristische Formen der Kapazitätsteilung

Die vorzustellenden charakteristischen Formen der Kapazitätsteilung basieren auf folgenden Annahmen:

o Der Kapazitätsbedarf soll genau durch eine ganzzahlige Anzahl von Arbeitsplätzen gedeckt werden.

o Die Tagesmengenachse des Tagesmenge-Stückzeit-Diagramms soll bei der Teilung der dem Kapazitätsbedarf entsprechenden Fläche an jeder Stelle innerhalb des Abschnitts Tagesmenge $n = 0$ bis Tagesmenge $n = N = $ Gesamtmenge teilbar sein.

o Die Stückzeitachse soll, entsprechend der Tagesmengenachse, an jeder Stelle innerhalb des Abschnitts Stückzeit $t = 0$ bis $t = t_e = $ Gesamtstückzeit teilbar sein. Die Teilung der Stückzeitachse soll ohne Einfluß auf die Gesamtstückzeit sein.

Teilungsachsen der einem Kapazitätsbedarf entsprechenden Fläche können sein:

- Parallelen zur Tagesmengenachse, d.h. senkrecht liegende Teilungsachsen, und bzw. oder
- Parallelen zur Stückzeitachse, d.h. waagrecht liegende Teilungsachsen.

3.4.1 Allgemeine Formulierung einer Kapazitätsteilung

Ausgehend von Gleichung (11) kann man eine Kapazitätsteilung für m Arbeitsplätze wie folgt formulieren:

$$C = \sum_{i=1}^{m} n_i \cdot t_i \qquad (13)$$

Diese Gleichung gibt eine allgemeine Form einer Kapazitätsteilung wieder. Von ihr können die charakteristischen Formen Artteilung, Mengenteilung und gemischte Kapazitätsteilung abgeleitet werden.

3.4.2 Artteilung

Der Begriff Artteilung wurde bereits im Zusammenhang mit der
Arbeitsteilung im Kapitel 2 erwähnt. Der Begriffsinhalt von
Artteilung ist auf eine Form der Kapazitätsteilung übertrag-
bar. Bei Artteilung wird der Kapazitätsbedarf auf mehrere
Arbeitsplatzkapazitäten derart verteilt, daß an jedem Arbeitsplatz nur ein Teil der Gesamtstückzeit, dafür aber an der Gesamtmenge ausgeführt werden kann.

Für die Tagesmenge n der m Arbeitsplätze enthält die Artteilung also die Randbedingung n = N = Gesamtmenge. Damit folgt
aus Gleichung (13) für die Stückzeit t_i eines Arbeitsplatzes
i:

$$t_i = t_e / m \qquad \text{für } i = 1, 2, \ldots, m \qquad (14)$$

Der Wert t_e/m wird Taktzeit genannt. Eine Teilung der Gesamtstückzeit t_e in Abschnitte mit einer der Taktzeit entsprechenden Länge ergibt die Artteilung. Diese kann wie folgt
formuliert werden:

$$C = N \sum_{i=1}^{m} (t_e / m)_i \qquad (15)$$

Die Artteilung soll zur Verdeutlichung an dem Beispiel mit
einem Kapazitätsbedarf von C = 1920 min/Tag (vgl. Bild 16)
gezeigt werden. Zur Deckung des Kapazitätsbedarfs sind bei
einem Kapazitätsangebot eines Arbeitsplatzes von
c = 480 min/Tag nach Gleichung (11) m = 4 Arbeitsplätze
notwendig. Für die Stückzeit t_i der Arbeitsplätze erhält
man aus Gleichung (14) 2 min/Stck.

Diese Rechnungen entsprechen einer geometrischen Aufgabe,
nämlich der Teilung der dem Kapazitätsbedarf entsprechenden
Fläche in m = 4 Teilflächen. **Bild 22** zeigt die Artteilung
als eine charakteristische Form der Kapazitätsteilung. Jede
Teilfläche entspricht einer Arbeitsplatzkapazität von
c = 480 min/Tag.

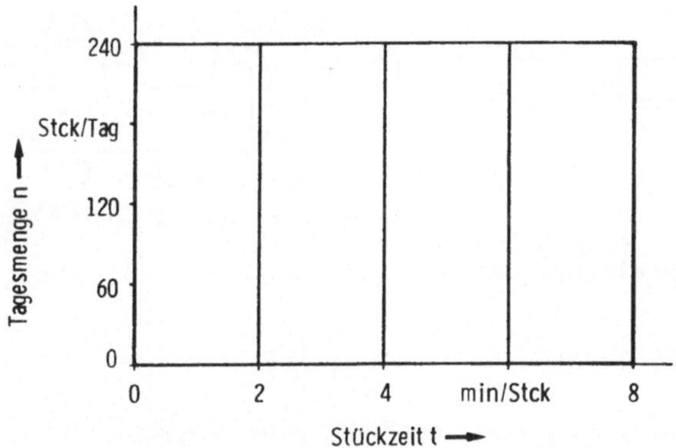

Bild 22: Darstellung der Artteilung

Nimmt man an, daß an jeder Stelle der Stückzeitachse eine
andere Montagetätigkeit ausgeführt wird, so sind die im **Bild 22**
als Kapazität gezeigten Arbeitsplätze insbesondere von den Ar-
beitsaufbauten wie z.B. Vorrichtungen her verschieden. Ein
Arbeitsplatz mit einem bestimmten Arbeitsplatzaufbau, an dem
die einem bestimmten Stückzeitabschnitt entsprechenden Montagetätigkeiten ausgeführt werden können, sei A r b e i t s-
p l a t z t y p genannt. Bei Artteilung mit vier Arbeitsplätzen ergeben sich also vier Arbeitsplatztypen.

Obwohl mit der Artteilung noch nichts über die Anordnung der
Arbeitsplätze ausgesagt ist, liegt es von Seiten des Materialflusses her nahe, diese durch ein Transportband zu verbinden.

Für die Kapazitätsteilung ist es dabei nicht entscheidend, ob
das Band gerade oder z.B. in Ovalform verläuft. Die erste Möglichkeit sei "Arbeitsplatzanordnung am geradlinigen Hauptfluß",
die zweite "Arbeitsplatzanordnung am umlaufförmigen Hauptfluß"
genannt (Bild 23).

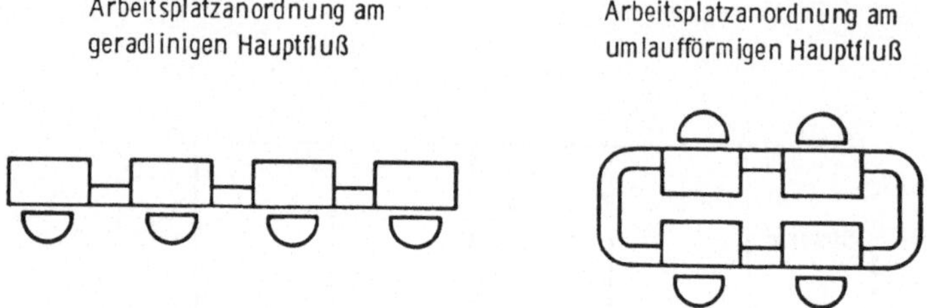

Bild 23: Beispiele der Arbeitsplatzanordnung bei Artteilung

3.4.3 Mengenteilung

Ähnlich wie bei der Artteilung läßt sich auch der Inhalt des
Begriffs Mengenteilung auf die Kapazitätsteilung übertragen.
Unter Mengenteilung wird hier die Verteilung des Kapazitätsbedarfs auf mehrere Arbeitsplatzkapazitäten derart verstanden,
daß an jedem Arbeitsplatz zwar die Gesamtstückzeit, aber nur
an einer Teilmenge ausgeführt werden kann. Im Fall der Mengenteilung ergibt sich für die Stückzeit t_i der m Arbeitsplätze
die Randbedingung $t_i = t_e$ = Gesamtstückzeit. Aus Gleichung (13)
folgt damit für die Tagesmenge n_i eines Arbeitsplatzes i:

$$n_i = N/m \qquad \text{für } i = 1, 2, \ldots, m \tag{16}$$

Die Formulierung der Mengenteilung lautet:

$$C = t_e \sum_{i=1}^{m} (N/m)_i \tag{17}$$

Die Kapazitätsverteilung bei Mengenteilung kann damit berechnet werden. Sie kann aber auch als geometrische Aufgabe formuliert und mit dem Tagesmenge-Stückzeit-Diagramm gelöst werden. Die Fläche des Kapazitätsbedarfs ist bei Mengenteilung in vier Teilflächen definitionsgemäß so geteilt, daß jede Teilfläche eine Kantenlänge entsprechend der Gesamtstückzeit hat. Bild 24 zeigt die Mengenteilung bei vier Arbeitsplätzen. Jede Teilfläche entspricht wieder einer Arbeitsplatzkapazität von c = 480 min/Tag.

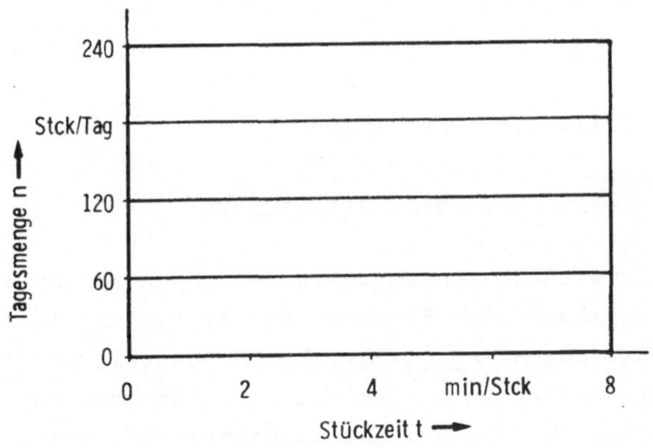

Bild 24: Darstellung der Mengenteilung

Bei Mengenteilung ergibt sich ein Arbeitsplatztyp. Auf diesem erfolgt die gesamte Montage. Er muß im Beispiel von Bild 24 zur Deckung des Kapazitätsbedarfs vierfach realisiert werden.

Da die einzelnen Arbeitsplätze nicht voneinander abhängen, ergeben sich von Seiten des Materialflusses auch keine Hinweise auf eine bestimmte Anordnung der Arbeitsplätze. Man kann sie z.B. nach Kommunikationsgesichtspunkten (Bild 25), aber auch am geradlinigen oder am umlaufförmigen Hauptfluß (vgl. Bild 23) anordnen.

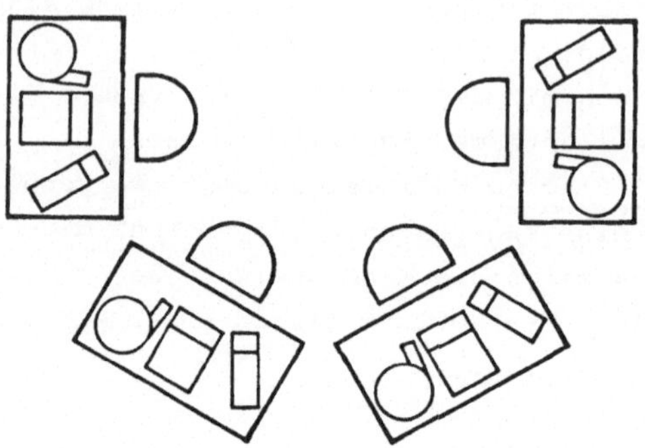

Bild 25: Beispiel einer Arbeitsplatzanordnung bei Mengenteilung

3.4.4 Gemischte Kapazitätsteilung

3.4.4.1 Einführung des Begriffs "gemischte Kapazitätsteilung"

Die bisher betrachteten charakteristischen Formen Artteilung
und Mengenteilung sind Extreme. Bei Artteilung ist der Kapazitätsbedarf durch senkrechte, bei Mengenteilung durch waagrechte Teilungsachsen aufgeteilt. Zwischen den Extremen bestehen weitere Formen der Kapazitätsteilung. Diese entstehen dadurch, daß der Kapazitätsbedarf durch senkrechte und waagrechte
Teilungsachsen aufgeteilt wird. So ergeben sich Flächen, deren
Abmessungen nicht einheitlich sein müssen. Den Kapazitäten
entsprechen Arbeitsplätze, an denen unterschiedliche Anteile
der Stückzeit und der Tagesmenge ausgeführt werden können.
Für diese dritte charakteristische Form der Kapazitätsteilung
sei der Begriff "gemischte Kapazitätsteilung" eingeführt und
wie folgt definiert:

o   G e m i s c h t e   K a p a z i t ä t s t e i l u n g
    ist die Verteilung eines Kapazitätsbedarfs auf mehrere
    Arbeitsplatzkapazitäten derart, daß an den einzelnen
    Arbeitsplätzen meist unterschiedliche Anteile der Stück-
    zeit und der Tagesmenge ausgeführt werden können.

3.4.4.2 Formulierung einer gemischten Kapazitätsteilung

Die Formulierung einer gemischten Kapazitätsteilung lautet
allgemein:

$$C = \sum_{i=1}^{m} \; (N \cdot t_e / m)_i \qquad\qquad \text{für } m \geqq 3 \qquad (18)$$

Die Randbedingung, daß die Anzahl m von Arbeitsplätzen für eine gemischte Kapazitätsteilung mindestens 3 betragen muß, kommt daher, daß bei zwei Arbeitsplätzen nur entweder Artteilung oder Mengenteilung möglich ist. Das entsprechende Kapazitätsfeld kann durch eine Teilungsachse - die entweder senkrecht oder waagrecht trennt - geteilt werden.

Bei einer algebraischen Behandlung der gemischten Kapazitätsteilung sind viele Abhängigkeiten zu berücksichtigen. Während bei Artteilung für die Kapazität eines Arbeitsplatzes $c_i = N \cdot (t_e/m)$ und bei Mengenteilung $c_i = (N/m) \cdot t_e$ jeweils für alle m Arbeitsplätze gilt, kann der Wert $(N \cdot t_e)/m$ durch mehrere Faktorenkombinationen $n_i \cdot t_i$ erreicht werden. Diese müssen einerseits der Gleichung (6) genügen und andererseits den noch zu deckenden bzw. bereits gedeckten Kapazitätsbedarf berücksichtigen. Bild 26 zeigt die Gleichung (6) im Tagesmenge-Stückzeit-Diagramm als Hyperbel. Diese soll K a p a z i t ä t s h y p e r b e l genannt werden.

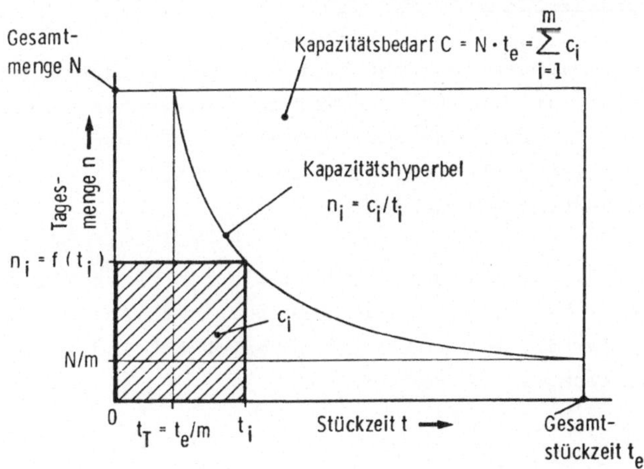

Bild 26: Kapazitätshyperbel

Von jedem Punkt aus, der auf der Kapazitätshyperbel liegt, läßt
sich durch Parallelen zur Tagesmengen- und zur Stückzeitachse eine
mögliche Kapazitätsverteilung zumindest des ersten Arbeitsplatzes
konstruieren. Für dessen Tagesmenge gilt allgemein:

$$n_1 = f\ (N,\ t_e) \tag{19}$$

Der durch die Arbeitsplatzkapazität c_1 bereits gedeckte Kapazitätsbedarf ist für die Tagesmenge des zweiten Arbeitsplatzes zu berücksichtigen. Für diese und für die der weiteren Arbeitsplätze
gilt:

$$n_2 = f\ (N,\ t_e,\ n_1) \tag{20}$$
$$\cdot$$
$$\cdot$$
$$\cdot$$
$$n_m = f\ (N,\ t_e,\ n_1,\ n_2,\ \cdots,\ n_{m-1}) \tag{21}$$

Die Abhängigkeiten machen den Umfang der Aufgabe deutlich, den
Kapazitätsbedarf rein algebraisch zu verteilen. Dagegen ist die
Teilung einer Fläche einfacher.

3.4.4.3 Mögliche Formen der gemischten Kapazitätsteilung

Eine Fläche im Tagesmenge-Stückzeit-Diagramm bildet die Kapazität
vollständig und in den für eine Teilung relevanten Dimensionen
ab. So können mit der Fläche alle möglichen Formen einer Kapazitätsteilung, also auch einer gemischten Kapazitätsteilung, entwickelt und dargestellt werden.

Im Gegensatz zu den charakteristischen Formen Artteilung und
Mengenteilung, bei denen es für eine bestimmte Anzahl von Arbeits-
plätzen nur jeweils eine Form gibt, bestehen bei der gemischten
Kapazitätsteilung viele Formen.

Dies soll wieder an dem Beispiel mit einem Kapazitätsbedarf von
C = 1920 min/Tag (vgl. <u>Bild 16</u>) veranschaulicht werden. Die diesem
Bedarf entsprechende Fläche ist dabei in vier Teilflächen aufzu-
teilen. <u>Bild 27</u> zeigt eine Form der gemischten Kapazitätsteilung.
Jede Teilfläche entspricht einer Arbeitsplatzkapazität von
c = 480 min/Tag.

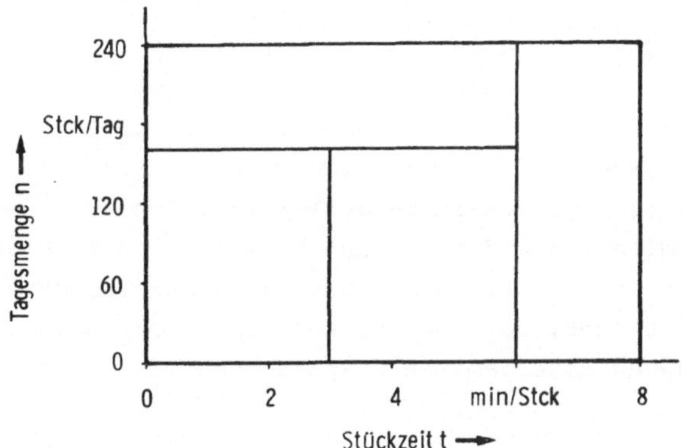

Bild 27: Mögliche Form der gemischten Kapazitätsteilung
          für vier Arbeitsplätze

Definitionsgemäß können an den Arbeitsplätzen unterschiedliche
Anteile der Stückzeit und der Tagesmenge ausgeführt werden. Für
zwei Arbeitsplätze ist eine Stückzeit von 3 min/Stck vorgesehen,
für einen weiteren eine von 6 min/Stck und für den vierten eine
von 2 min/Stck. Da an den vier Arbeitsplätzen unterschiedliche
Montagetätigkeiten ausgeführt werden können, ergeben sich auch
bei dieser Form der Kapazitätsteilung vier Arbeitsplatztypen.
Für eine Bewertung ist - wie noch zu zeigen sein wird - insbesondere die Anzahl der in Richtung steigender Stückzeit hinter-
einander liegenden Arbeitsplatztypen bedeutend. Bezogen auf eine
Darstellung im Tagesmenge-Stückzeit-Diagramm soll auch von der
Anzahl der von einer Z e i l e des Kapazitätsfelds durch-

laufenen Arbeitsplatztypen gesprochen werden. Unter diesem Gesichtspunkt ergeben sich für die in <u>Bild 27</u> gezeigte Form der gemischten Kapazitätsteilung

- drei Arbeitsplatztypen für eine Zeile, die dem Tagesmengenabschnitt von $n = 0$ Stck/Tag bis $n = 160$ Stck/Tag entspricht, und
- zwei Arbeitsplatztypen für eine Zeile, die dem von $n > 160$ Stck/Tag bis $n = 240$ Stck/Tag entspricht.

Die Folge der Stückzeitabschnitte der gemischten Kapazitätsteilung nach <u>Bild 27</u> gibt unter dem Materialflußaspekt gesehen einen Anhaltspunkt für die Anordnung der Arbeitsplätze. <u>Bild 28</u> zeigt beispielsweise zwei Möglichkeiten ihrer Anordnung. Die links dargestellte Möglichkeit zeigt im Vergleich zum Kapazitätsfeld, daß sich direkt aus diesem eine Form der Arbeitsplatzanordnung ableiten läßt. Durch die rechts dargestellte Möglichkeit wird verdeutlicht, daß auch herkömmliche Formen der Arbeitsplatzanordnung eine gemischt kapazitätsteilige Montage ermöglichen.

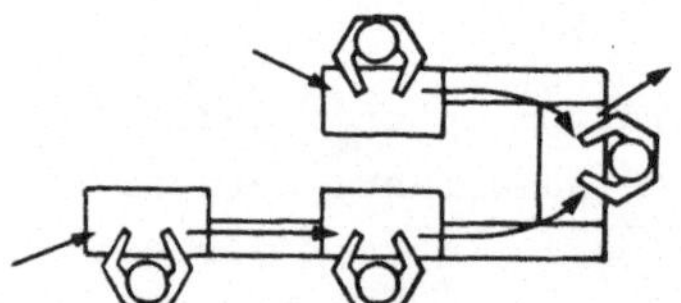

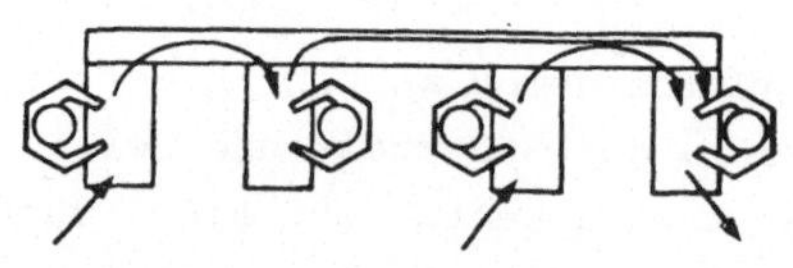

Bild 28: Beispielhafte Möglichkeiten der Arbeitsplatzanordnung bei einer bestimmten gemischten Kapazitätsteilung (Arbeitsplätze besetzt)

<u>Bild 29</u> zeigt symbolisch alle möglichen Formen der Kapazitätsteilung für vier Arbeitsplätze, wobei Artteilung und Mengenteilung eingeschlossen sind.

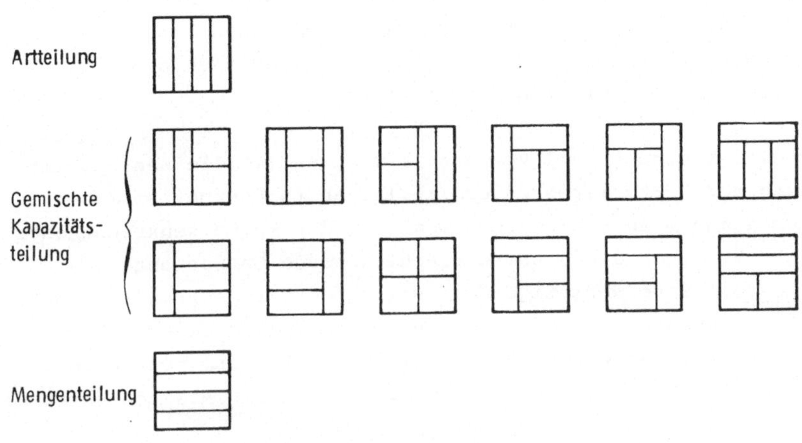

Bild 29:   Mögliche Formen der Kapazitätsteilung für vier
Arbeitsplätze (symbolisch)

Unter der Annahme, daß an jeder Stelle der Stückzeitachse andere
Montagetätigkeiten auszuführen sind, gilt grundsätzlich: Formen,
die spiegelbildlich zu einer senkrechten Achse - der gedachten
Tagesmengenachse - sind, müssen unterschieden werden. Eine
Spiegelung von Formen um die gedachte Stückzeitachse liefert
keine neuen, da gleiche Tagesmengenabschnitte von der Häufigkeit der Tätigkeitsausführung her gleich sind.

3.5   <u>Zur Zahl möglicher Formen der Kapazitätsteilung</u>

Die Zahl möglicher Formen der Kapazitätsteilung steigt mit
größer werdender Anzahl von Arbeitsplätzen sehr stark an. Die
Frage nach der Zahl der Formen stellt sich mathematisch wie
folgt: Auf wieviele Arten kann unter Berücksichtigung bestimmter Randbedingungen ein Rechteck in eine Anzahl von
m Teilrechtecken gleicher Flächeninhalte zerlegt werden?

Eine Behandlung dieser Frage konnte in der Literatur nicht ge-
funden werden. Die von DEHN in /58/ getroffenen Aussagen zur
Zerlegung von Rechtecken in Rechtecke lassen sich nicht zur
Beantwortung obiger Fragen übertragen.

Für eine kleine Anzahl von Arbeitsplätzen ist die Zahl möglicher
Formen durch Probieren zu ermitteln. Ab fünf Arbeitsplätzen ist
unter anderem auch eine Form möglich, die keine senkrecht oder
waagrecht durch die gesamte Fläche gehende Gerade enthält
(Bild 30). Eine derartige Form sei "bruchgeradenfrei" genannt.
Bei fünf Arbeitsplätzen kann man noch aufgrund einer Skizze, bei
der die Teilflächeninhalte ungleich sein können, beurteilen,
ob sich die Form zu einer mit gleichen Flächeninhalten verformen
läßt.

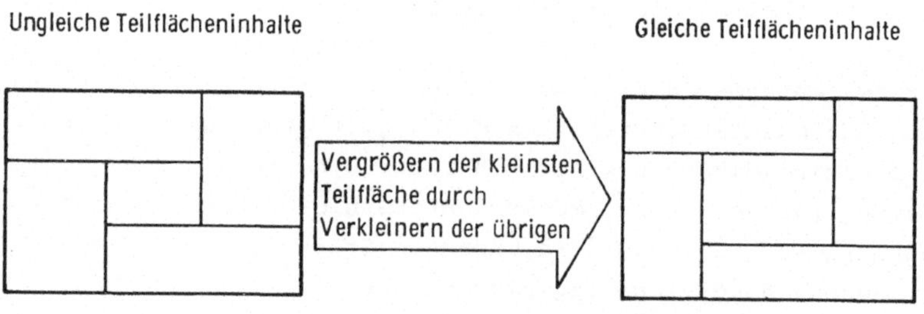

Bild 30:   Bruchgeradenfreie Form einer Kapazitätsteilung
           für fünf Arbeitsplätze (symbolisch)

Ab etwa sechs Arbeitsplätzen ist diese Abschätzung für bruchgeradenfreie Formen nur schwierig möglich. So ist es zu erklären, daß die genaue Zahl von möglichen Formen für eine größere
Anzahl von Arbeitsplätzen nicht ohne weiteres angegeben werden
kann. Da aber die Kenntnis der genauen Zahl für die Planung der

Kapazitätsteilung nicht entscheidend ist, genügt ein Wert für die Mindestanzahl Z_{min} von möglichen Formen der Kapazitätsteilung. Dieser kann mit einer Formel, die aus einem Verfahren zur systematischen Konstruktion von Rechteckaufteilungen abgeleitet wurde (siehe Anhang), wie folgt berechnet werden:

$$Z_{min} = \frac{3}{4} \cdot 2^m \qquad \text{für } m \geqq 4 \qquad (22)$$

Die Mindestanzahl möglicher Formen der Kapazitätsteilung steigt exponentiell. So ergeben sich z.B. für m = 8 Arbeitsplätze bereits mindestens 192 mögliche Formen.

3.6 <u>Der Teilungsgrad</u>

Zur quantitativen Kennzeichnung der großen Zahl verschiedener Kapazitätsteilungsformen wurde ein sogenannter
T e i l u n g s g r a d definiert. Der Teilungsgrad TG sei das über alle Arbeitsplätze gemittelte Verhältnis von Tagesmenge zu Stückzeit:

$$TG = \frac{t_e}{m \cdot N} \sum_{i=1}^{m} n_i / t_i \qquad (23)$$

Die Berechnung des Teilungsgrades einer Kapazitätsteilungsform vereinfacht sich, wenn sowohl der Gesamtstückzeit als auch der Gesamtmenge der Wert "1" zugeordnet wird. Grundsätzlich liegen die Werte für den Teilungsgrad in einem von m abhängigen Bereich. Der maximale Wert ergibt TG = m bei Artteilung, der minimale TG = 1/m bei Mengenteilung.

In <u>Bild 31</u> wird die Berechnung des Teilungsgrades und seine Aussage an einer Form der Kapazitätsteilung für vier Arbeitsplätze verdeutlicht.

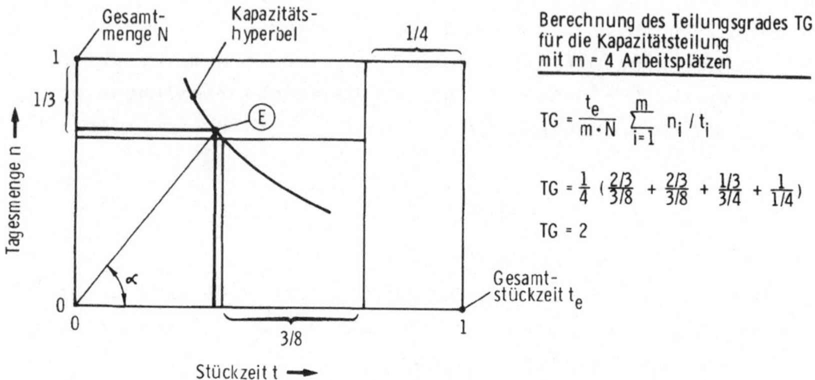

$$TG = \frac{t_e}{m \cdot N} \sum_{i=1}^{m} n_i / t_i$$

$$TG = \frac{1}{4} \left(\frac{2/3}{3/8} + \frac{2/3}{3/8} + \frac{1/3}{3/4} + \frac{1}{1/4} \right)$$

$$TG = 2$$

$\textcircled{E}$ ... Eckpunkt einer Arbeitsplatzkapazität mit durchschnittlicher Kapazitätsverteilung

Bild 31: Beispiel zur Berechnung des Teilungsgrades

Der Schnittpunkt zwischen dem durch den Ursprung unter dem Winkel α gezogenen Strahl und der Kapazitätshyperbel entspricht dem Eckpunkt einer Arbeitsplatzkapazität mit für die betrachtete Form durchschnittlicher Kapazitätsverteilung.

Bei der grafischen Darstellung des Teilungsgrades im Tagesmenge-Stückzeit-Diagramm sind eventuelle Maßstabunterschiede zu berücksichtigen:

$$\tan \alpha = TG \cdot \overline{ON} / \overline{Ot_e} \qquad (24)$$

Mit dem Teilungsgrad lassen sich verschiedene Formen einer Kapazitätsteilung ordnen und beurteilen. Der Teilungsgrad kann als q u a n t i f i z i e r t e r   G r a d   d e r   A r b e i t s t e i l u n g   angesehen werden: Eine Kapazitätsteilung mit <u>hohem</u> Wert für den Teilungsgrad weist mehr die – noch näher zu beschreibenden – Merkmale der <u>Artteilung</u> auf, während eine Kapazitätsteilung mit <u>niedrigem</u> Wert für den Teilungsgrad mehr die ebenfalls noch näher zu beschreibenden Merkmale der <u>Mengenteilung</u> aufweist.

Da zur Stückzeitachse symmetrische oder spiegelbildliche Formen
der Kapazitätsteilung den gleichen Teilungsgrad aufweisen, aufgrund der je Arbeitsplatz auszuführenden Montagetätigkeiten jedoch unterschieden werden müssen, kann zur weiteren Kennzeichnung
der Formen die "Möglichkeit der Spaltenanordnung" berücksichtigt
werden. Alle möglichen Formen der Kapazitätsteilung sind in einem
Feld mit den Dimensionen "Teilungsgrad" und "Möglichkeit der
Spaltenanordnung" darstellbar. Bild 32 zeigt das Feld für die
vier Arbeitsplätze des Beispiels.

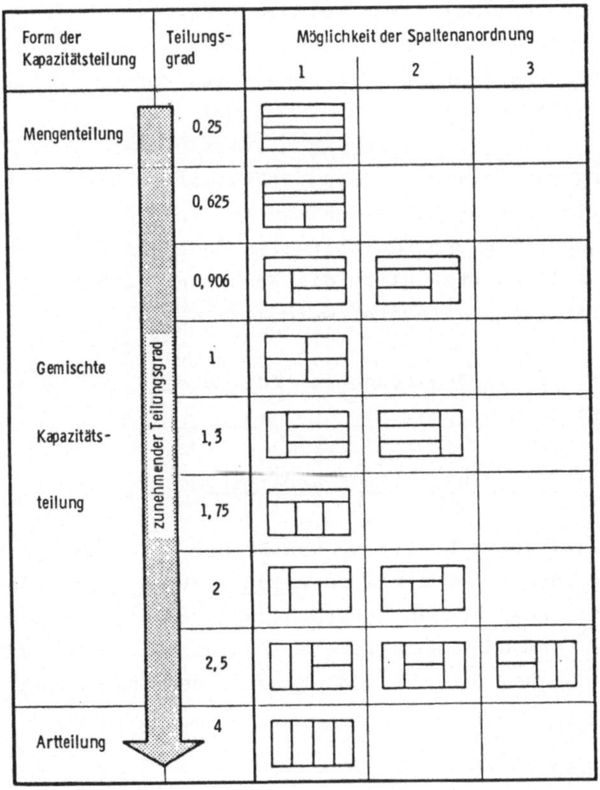

Form der Kapazitätsteilung	Teilungs-grad	Möglichkeit der Spaltenanordnung		
		1	2	3
Mengenteilung	0,25	▭		
	0,625	▭		
	0,906	▭	▭	
Gemischte	1	▭		
Kapazitäts-	1,3	▭	▭	
teilung	1,75	▭		
	2	▭	▭	
	2,5	▭	▭	▭
Artteilung	4	▭		

(Pfeil: zunehmender Teilungsgrad)

Bild 32: Feld möglicher Formen der Kapazitätsteilung für
vier Arbeitsplätze

4	Bewertung von Formen der Kapazitätsteilung zur

4   Bewertung von Formen der Kapazitätsteilung zur Formulierung von Planungsleitlinien

4.1   Vorbemerkungen

Die günstigste Form der Kapazitätsteilung ist durch eine Bewertung aller zu ermitteln. Dieses Vorgehen ist bei großer Zahl möglicher Formen aufwendig. Um den Aufwand zukünftig klein halten zu können, werden auf der Basis einer differenzierten Betrachtung der Bewertung von Formen Leitlinien für die Planung der Kapazitätsteilung formuliert. Mit den Leitlinien sollen einerseits zu bewertende Formen aus der Zahl möglicher ausgewählt und andererseits Formen zielorientiert entwickelt werden können.

Die Bewertung von Formen der Kapazitätsteilung kann in eine nach quantifizierbaren Kriterien und in eine nach nicht oder nur schwer quantifizierbaren Kriterien gegliedert werden. Im weiteren soll hauptsächlich die Bewertung nach quantifizierbaren Kriterien betrachtet werden.

4.2   Quantitative Bewertung von Formen der Kapazitätsteilung

4.2.1   Daten zur quantitativen Bewertung

Für eine quantitative Bewertung von Formen der Kapazitätsteilung sind insbesondere die in **Bild 33** aufgeführten Daten zu ermitteln. Diese können unterschieden werden in Daten, die für jede Form der Kapazitätsteilung gleich ansetzbar sind und in solche, die für jede Form zu bestimmen sind.

Daten für eine quantitative Bewertung von Formen der Kapazitätsteilung	

Für jede Form gleich ansetzbare Daten		Für jede Form zu bestimmende Daten	
Größe	**Einheit**	**Größe**	**Einheit**
● Haupttätigkeitszeit	min/Stck	● Nebentätigkeitszeit	min/Stck
● Anzahl Arbeitstage	Tag/Jahr	● Taktausgleichszeit	min/Stck
● Arbeitszeit	min/Tag	● Wartezeiten wegen Umsetzen, Umrüsten	min/Tag
● Lohnsatz je Lohngruppe	DM/min	● Lohngruppe je Montagetätigkeit	-
● Sozialgemeinkostensatz	%	● Tagesmenge	Stck/Tag
● Restfertigungsgemeinkostensatz	%	● Wiederbeschaffungswert eines Arbeitsplatzaufbaus	DM
● Wiederbeschaffungswert eines Arbeitstisches und -stuhles	DM	● Flächenbedarf je Arbeitsplatz	m^2
● kalkulatorische Abschreibung	%/Jahr	● Stromverbrauch je Arbeitsplatz	kWh
● kalkulatorische Zinsen	%/Jahr	● Druckluftverbrauch je Arbeitsplatz	Nm^3
● Versicherungsanteil	%/Jahr	● Daten zur Materialbereitstellung	-
● Instandhaltungsanteil	%/Jahr	● Nacharbeits- und Ausschußrate	%
● spezifische Flächenkosten	DM/m^2	● Fehlzeiten- und Fluktuationsrate	%
● spezifische Stromkosten	DM/kWh		
● spezifische Druckluftkosten	DM/Nm^3		

Bild 33: Kapazitätsteilungsbezogene Gliederung von Daten
für eine quantitative Bewertung

Im folgenden werden insbesondere kapazitätsteilungsabhängige
Daten analysiert und zur Bewertung aufbereitet.

4.2.2 Abhängigkeit der Gesamtstückzeit vom Teilungsgrad

4.2.2.1 Gliederung der Gesamtstückzeit

Bei den bisherigen Überlegungen zur Kapazitätsteilung wurde
davon ausgegangen, daß die Höhe der Gesamtstückzeit unabhängig
von der Form der Kapazitätsteilung, d.h. unabhängig vom Teilungsgrad ist. Im folgenden soll dargestellt werden, inwiefern diese
Annahme zutrifft. Dazu wird die Gesamtstückzeit gemäß Bild 34
in einzelne Zeitarten gegliedert, die auch von REFA in /59/
vorgeschlagen werden und die eben dort definiert sind.

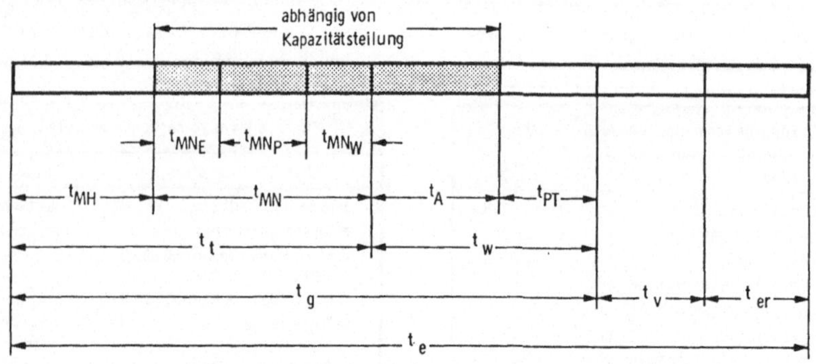

Zeitart					Benennung	Bemerkung
t_e					Gesamtstückzeit	≙ Zeit je Einheit
	t_g				Grundzeit	
		t_t			Tätigkeitszeit	
			t_{MH}		Haupttätigkeitszeit	
			t_{MN}		Nebentätigkeitszeit	
				t_{MN_E}	Nebentätigkeitszeit für Hinlangen zu und Bringen von Einzelteilen	
				t_{MN_P}	Nebentätigkeitszeit für Wechsel des Produkts	
				t_{MN_W}	Nebentätigkeitszeit für Wechsel des Werkzeugs	
		t_w			Wartezeit	
			t_A		Taktausgleichszeit	
			t_{PT}		Prozeßzeit	Wartezeit aufgrund eines unbeeinflußbaren Prozesses, z. B. während Schraubvorgang mittels Schrauber
	t_v				Verteilzeit	meist fester %-Satz von t_g
	t_{er}				Erholungszeit	

Bild 34: Gliederung der Gesamtstückzeit (qualitativ)

Die Nebentätigkeitszeit, d.h. die Zeit, während der eine plan-
mäßige, nur mittelbar der Erfüllung der Arbeitsaufgabe dienen-
de Tätigkeit ausgeführt wird /59/, ist bei REFA nicht unterteilt. Sie wurde hier weiter gegliedert. Dies erschien zur genauen Untersuchung ihrer Abhängigkeit vom Teilungsgrad sinnvoll. Außer der Nebentätigkeitszeit ist die Taktausgleichszeit
vom Teilungsgrad abhängig.

4.2.2.2 Abhängigkeit der Nebentätigkeitszeit vom Teilungsgrad

Die Zeitarten, in die die Nebentätigkeitszeit gegliedert wurde, hängen nicht voneinander ab und können so isoliert betrachtet werden.

Nebentätigkeitszeit t_{MN_E} für Hinlangen zu und Bringen von Einzelteilen
____

Mit dieser Zeitart werden Zeiten für Bewegungslängen berücksichtigt, die beim Hinlangen zu und beim Bringen von Einzelteilen anfallen und die nicht direkt dem Montagefortschritt dienen. Von Einfluß auf diese Nebentätigkeitszeitart sind die - vom Teilungsgrad unabhängige - Menge der je Produkt zu montierenden verschiedenartigen Einzelteile und die Zeit für den Weg zu und mit jedem Einzelteil. Diese Zeit hängt unter folgenden Bedingungen vom Teilungsgrad ab:

o Die Menge der verschiedenartigen Einzelteile, die je Arbeitsplatztyp bereitzustellen sind, hängt vom Teilungsgrad ab.

o Die Bewegungslängen hängen von der Menge verschiedenartiger Einzelteile, die je Arbeitsplatztyp bereitzustellen sind, ab.

Diese Bedingungen sind bei Produkten mit vielen großvolumigen Einzelteilen häufig gegeben, so daß die Nebentätigkeitszeit t_{MN_E} für Hinlangen zu und Bringen von Einzelteilen vom Teilungsgrad anhängt. Sie kann mit den Werten

- für die Zeit $t_{E_{h,l}}$, die dem Weg zu und mit dem Einzelteil h am Arbeitsplatztyp l entspricht,

- für die Menge H_l der am Arbeitsplatztyp l bereitzustellenden Einzelteile und

- für die Anzahl L_Z von Arbeitsplatztypen innerhalb einer Zeile im Kapazitätsfeld

wie folgt berechnet werden:

$$t_{MN_E} = \sum_{l=1}^{L_Z} \sum_{h=1}^{H_l} t_{E_{h,l}} \qquad (25)$$

Nebentätigkeitszeit t_{MN_P} für Wechsel des Produkts

Mit dieser Zeitart werden Zeiten berücksichtigt, die durch Auf-
nehmen des Produkts, Positionieren und Ablegen des Produkts
nach ausgeführter Montagetätigkeit entstehen. Die Höhe dieser
Zeiten hängt neben vom Teilungsgrad unabhängigen Daten wie
z.B. Masse des Produkts von der Anzahl L_Z von Arbeitsplatztypen
innerhalb einer Zeile im Kapazitätsfeld ab, denn ein Produkt
muß zur Montage an alle diese Arbeitsplatztypen gelangen. Mit
der Zeit t_{P_1} für den Wechsel des Produkts am Arbeitsplatztyp 1
errechnet sich der exakte Wert für die Nebentätigkeitszeit t_{MN_P}
wie folgt:

$$t_{MN_P} = \sum_{1=1}^{L_Z} t_{P_1} \tag{26}$$

Die Berechnung der Nebentätigkeitszeit für Wechsel des Produkts
vereinfacht sich für solche Formen der Kapazitätsteilung, die
für jeden Arbeitsplatz das gleiche Verhältnis von Tagesmenge zu
Stückzeit aufweisen. Dann gilt $L = L_Z$. Die entsprechend dem
Teilungsgrad durchschnittliche Stückzeit t_i' eines Arbeitsplatzes kann bei bekanntem Teilungsgrad unter Berücksichtigung von
Gleichung (6) und (11) wie folgt berechnet werden:

$$t_i' = t_e \sqrt{1 / m \cdot TG} \tag{27}$$

Mit der Zeit t_i' erhält man die Zahl L von Arbeitsplatztypen
analog zu Gleichung (14) aus:

$$L = t_e / t_i' \tag{28}$$

Somit ist

$$L = \sqrt{m \cdot TG} \qquad (29)$$

Wenn die Zeit t_P für den Wechsel des Produkts an einem Arbeitsplatz für jeden Arbeitsplatztyp gleich hoch angesetzt werden
kann, dann gilt:

$$t_{MN_P} = t_P \sqrt{m \cdot TG} \qquad (30)$$

Aus dieser Formel kann man z.B. schließen, daß im Bereich
kleiner Teilungsgrade eine starke Abhängigkeit der Nebentätigkeitszeit für Wechsel des Produkts vom Teilungsgrad gegeben
ist und daß die Reduzierung eines hohen Teilungsgrades die
Zeiten dieser Nebentätigkeitszeitart nur wenig verkürzt.

Nebentätigkeitszeit t_{MN_W} für Wechsel des Werkzeugs

Mit dieser Zeitart werden Zeiten berücksichtigt, die durch das
Wechseln von Werkzeugen, z.B. von Zange zu Schrauber, anfallen.
Bei Mengenteilung als Beispiel für niedrigen Teilungsgrad muß
die Menge B aller Werkzeuge, die zur gesamten Montage nötig
ist, gehandhabt werden. Der dazu erforderliche Zeitbedarf wird
dann größer als z.B. bei Artteilung, wenn bei Artteilung ein
Mitarbeiter mit nur einem Werkzeug hantiert, das kontinuierlich in der Hand gehalten werden kann. Der Zeitbedarf wird
bei niedrigem Teilungsgrad kleiner, wenn mit ein und demsel-
ben Werkzeug Montagetätigkeiten ausgeführt werden, die bei
hohem Teilungsgrad an verschiedenen Arbeitsplätzen auszuführen
wären.

Mit der Zeit $t_{W_{b,l}}$, die dem Wechsel des Werkzeugs b am Arbeitsplatztyp l entspricht, errechnet sich die Nebentätigkeitszeit
t_{MN_W} aus:

$$t_{MN_W} = \sum_{l=1}^{L_Z} \sum_{b=1}^{B_l} t_{W_{b,l}} \qquad (31)$$

Im folgenden wird auf die letzte vom Teilungsgrad abhängige Zeitart, die Taktausgleichszeit, eingegangen.

4.2.2.3 Abhängigkeit der Taktausgleichszeit vom Teilungsgrad

Bei Artteilung wird die Gesamtstückzeit in gleich lange Abschnitte mit je einer Länge von t_e/m geteilt. Diese Teilung ist theo-
retisch exakt möglich. In einem praktischen Fall sind jedoch
die Montagetätigkeiten, die in der Stückzeit abgebildet sind,
zu berücksichtigen. Diese sind nicht an jeder Stelle teilbar.
Man kann nur entweder vor oder nach einer Teilverrichtung trennen.
Durch die - in Kap. 3.2.1 bereits begründete - Unteilbarkeit der
einzelnen Teilverrichtungen ist es meist nicht möglich, mit ihnen
an jedem Arbeitsplatz genau die Taktzeit "zu füllen", selbst dann
nicht, wenn man die Teilverrichtungen im Rahmen der durch ihre
Reihenfolgebeziehungen gegebenen Möglichkeiten austauscht. So
entsteht an einzelnen, häufig an jedem Arbeitsplatz eine Wartezeit. Summiert man die so bedingten Wartezeiten je Arbeitsplatz
über alle Arbeitsplatztypen innerhalb einer Zeile, dann erhält
man die Taktausgleichszeit. Unter der Annahme, daß bei der Erfüllung einer Arbeitsaufgabe keine Prozeßzeit t_{PT} anfällt,
ergibt sich gemäß <u>Bild 34</u> die Taktausgleichszeit t_A aus

$$t_A = t_g - t_t \tag{32}$$

Die Tätigkeitszeit t_t setzt sich aus der vom Teilungsgrad unabhängigen Haupttätigkeitszeit t_{MH} und der Summe der vom Teilungsgrad abhängigen Nebentätigkeitszeiten t_{MN_1} je Arbeitsplatztyp 1
zusammen:

$$t_t = t_{MH} + \sum_{1=1}^{L_Z} t_{MN_1} \tag{33}$$

Die Grundzeit t_g muß in Abhängigkeit von der Anzahl L_Z von Arbeitsplatztypen innerhalb einer Zeile bestimmt werden. Sie ist
mindestens so hoch wie die Summe der an den Arbeitsplatztypen
innerhalb einer Zeile auszuführenden Tätigkeitszeiten. Die

Höhe der Tätigkeitszeit kann von Arbeitsplatztyp zu Arbeitsplatztyp verschieden sein, je nach Anzahl m_L paralleler Arbeitsplätze. Aber auch wenn m_L für z.B. zwei Arbeitsplatztypen gleich
ist, ergeben sich wegen der Unteilbarkeit der Teilverrichtungen
häufig Tätigkeitszeitunterschiede. Bei Serienmontage führen
diese Unterschiede zu Wartezeiten, denn für jeden Arbeitsplatztyp wird einheitlich eine Taktzeit bzw. ein m_L-faches davon
vorgegeben.

Die Taktzeit t_T kann also nicht nur bei Artteilung definiert
werden. Für die möglichen Formen einer Kapazitätsteilung entspricht sie dem größten Wert des Quotienten aus der je Arbeitsplatztyp l auszuführenden Tätigkeitszeit t_{t_l} und der Anzahl
m_l paralleler Arbeitsplätze vom Arbeitsplatztyp l. Sie wird
über einen Suchalgorithmus bestimmt:

$$t_T = \max_{l=1,L_Z} (t_{t_l}/m_l) \tag{34}$$

Die Grundzeit erhält man durch Multiplikation der Taktzeit mit
der Anzahl m_Z von Arbeitsplätzen innerhalb der betrachteten
Zeile:

$$t_g = m_Z \cdot t_T \tag{35}$$

Wenn ein Arbeitsplatztyp zwei oder mehr Zeilen bedeckt - beispielsweise so wie der letzte Arbeitsplatztyp der Kapazitätsteilung gemäß Bild 27 -, dann muß dieser bei der Bestimmung
von m_Z den Tagesmengenanteilen entsprechend nur anteilig berücksichtigt werden.

Mit den Gleichungen (32) bis (35) kann die Taktausgleichszeit
t_A berechnet werden:

$$t_A = m_Z \cdot t_T - t_{MH} - \sum_{l=1}^{L_Z} t_{MN_l} \tag{36}$$

Mit dieser Gleichung läßt sich für jede Form der Kapazitätsteilung die Taktausgleichszeit ermitteln. Bei Mengenteilung
ist zwar die Teilbarkeit der Stückzeitachse ohne Einfluß auf
die Tätigkeitszeit, da alle Teilverrichtungen von einem Mitarbeiter ausgeführt werden. Jedoch entsteht auch bei Mengenteilung ein Kapazitätsverlust, wenn nicht die zu fertigende
Tagesmenge dem Kapazitätsangebot der Arbeitsplätze angepaßt
wird. Da aber häufig die Möglichkeit besteht, entweder die
montierbare Tagesmenge auch zu montieren oder den betroffenen
Arbeitsplatz nur zeitweise zu besetzen, kann der Kapazitätsverlust bei Mengenteilung als klein angesehen werden.

4.2.3   Lohn- und Lohngemeinstückkosten

Unter Lohn- und Lohngemeinstückkosten sollen die Lohnstück-
kosten der direkt mit der Montage beschäftigten Mitarbeiter
sowie die Sozial- und Restfertigungsgemeinkosten je Mengeneinheit verstanden werden. Vor der Berechnung der Lohn- und
Lohngemeinstückkosten K_L ist zu klären, welche Gesamtstück-
zeitabschnitte t_{e_r} mit welcher Lohngruppe r entlohnt werden.

Sodann gilt:

$$K_L = (1 + \frac{SS}{100\%} + \frac{RS}{100\%}) \sum_{r=1}^{R} LS_r \cdot t_{e_r} \qquad (37)$$

Bei der Formulierung von Gleichung (37) wurde davon ausgegangen, daß die Sozialgemeinkosten als zum Lohnsatz LS proportionaler Sozialgemeinkostensatz SS und die Restfertigungsgemeinkosten als zum Lohnsatz LS proportionaler Restferti-
gungsgemeinkostensatz RS angesetzt werden können. Außerdem
wurde angenommen, daß die Sätze für die Sozial- und Restfertigungsgemeinkosten von der Lohngruppe unabhängig sind.
Diese Annahmen erscheinen zulässig, da sie den Gegebenheiten
betrieblicher Kostenrechnung in vielen Fällen entsprechen /60/.

Die Form der Kapazitätsteilung beeinflußt die Lohn- und Lohngemeinstückkosten über die Gesamtstückzeit und über den von
der Lohngruppe r abhängigen Lohnsatz LS_r. Auf die Abhängigkeit
der Gesamtstückzeit vom Teilungsgrad wurde bereits eingegangen.
Bezüglich des Lohnsatzes ist festzustellen, daß dieser dann
mit abnehmendem Teilungsgrad steigt, wenn die einzelnen Montagetätigkeiten bei hohem Teilungsgrad mit unterschiedlichen
Lohngruppen entlohnt wurden. <u>Bild 35</u> zeigt die Veränderung des
als Minutensatz dargestellten Lohn- und Lohngemeinkostensatzes
beim Übergang von einem hohen Ausgangsteilungsgrad auf einen
niedrigeren.

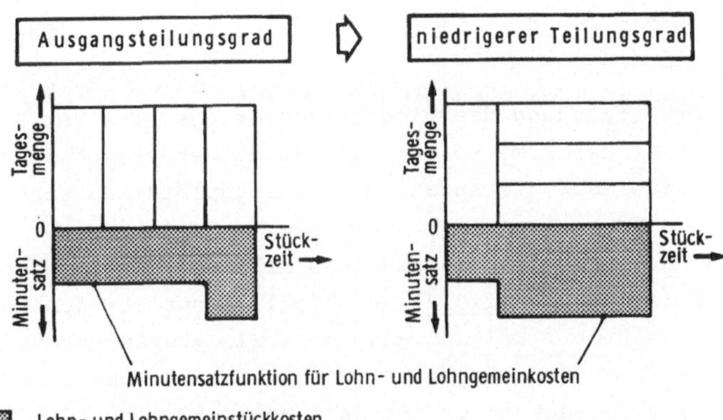

Bild 35: Lohn- und Lohngemeinstückkosten als Produkt aus
Minutensatz und Stückzeit

Je "neuem" Gesamtstückzeitabschnitt muß mindestens der
höchste bisherige Minutensatz veranschlagt werden. Die Fläche
zwischen der Stückzeitachse in Bereich von $t = 0$ bis $t = t_e$
und der Minutensatzfunktion entspricht den
Lohn- und Lohngemeinstückkosten.

Wenn für einen konkreten Fall einer Arbeitsaufgabe der Verlauf
der Minutensatzfunktion und die Abhängigkeit der Gesamtstückzeit vom Teilungsgrad ermittelt wurden, dann kann auch ein
unter dem Gesichtspunkt niedriger Lohn- und Lohngemeinstückkosten günstiger Teilungsgrad ermittelt werden.

4.2.4   <u>Wiederbeschaffungswert der Arbeitsplätze</u>

Unter Wiederbeschaffungswert soll der geldmäßige Wert verstanden werden, der zur Wiederbeschaffung bereits vorhandener Arbeitsmittel bzw. zur Beschaffung neuer Arbeitsmittel veranschlagt werden muß.

Der Wiederbeschaffungswert W der Arbeitsplätze hängt vom Wiederbeschaffungswert W_1 des Arbeitsplatztyps 1 und von der Anzahl m_1 paralleler Arbeitsplätze vom Arbeitsplatztyp 1 ab:

$$W = \sum_{l=1}^{L} W_1 \cdot m_1 \tag{38}$$

Bei der Berechnung des Wiederbeschaffungswerts der Arbeitsplätze ist der Dimensonierungsgrad zu berücksichtigen, da sich dieser auf die Anzahl der Arbeitsplätze auswirkt.

Der Wiederbeschaffungswert eines Arbeitsplatztyps besteht aus zwei Teilen (vgl. <u>Bild 2</u>): ein Teil entspricht dem Wert von Tisch und Stuhl. Er kann als vom Teilungsgrad unabhängig angesehen werden. Der zweite Teil entspricht dem Wert für die Arbeitsplatzaufbauten. Er ist dann vom Teilungsgrad abhängig, wenn für die Ausführung der Teilverrichtungen verschiedenartige Vorrichtungen oder Werkzeuge benötigt werden.

Folgende produktseitige Einflußgrößen sind für den Wiederbeschaffungswert der Arbeitsplatzaufbauten mit entscheidend:

<u>Masse (Gewicht) von Produkt und Einzelteil</u>

Wenn aufgrund großer Masse des Produkts und bzw. oder von Einzelteilen mechanische Handhabungshilfen, z.B. Hebezeuge, erforderlich sind, dann wirken sich diese auf die Höhe des Wiederbeschaffungswerts je nach Teilungsgrad unterschiedlich stark aus.

Bei Artteilung muß das Produkt von Arbeitsplatz zu Arbeitsplatz z.B. mit einem Transportband transportiert werden. Für jeden Arbeitsplatz, an dem ein schweres Einzelteil montiert werden soll, ist ein Hebezeug vorzusehen. Bei Mengenteilung entfällt der Transport zwischen den Arbeitsplätzen. Dafür muß für jeden Arbeitsplatz ein Hebezeug zur Aufnahme und Abgabe des Produkts sowie zur Handhabung schwerer Einzelteile vorgesehen werden.

Volumen_von_Produkt_und_Einzelteil

Großvolumige Produkte, d.h. in diesem Zusammenhang Produkte, die nicht mehr manuell zu handhaben sind und an denen überwiegend stehend montiert wird, erfordern den Einsatz von Hebezeugen. Damit sind Bedingungen gegeben, die mit denen von großer Masse von Produkt und Einzelteil vergleichbar sind.

Unter Berücksichtigung der genannten produktseitigen Einflußgrößen ist tendenziell bei hohem Teilungsgrad der kleinste Wiederbeschaffungswert der Arbeitsplätze zu erwarten, da sich bei hohem Teilungsgrad die geringste Anzahl paralleler Arbeitsplätze ergibt.

4.2.5   Flächenbedarf der Arbeitsplätze

Der Flächenbedarf A der Arbeitsplätze ist abhängig von dem Flächenbedarf A_i eines Arbeitsplatzes i und der Anzahl m von Arbeitsplätzen:

$$A = \sum_{i=1}^{m} A_i \qquad (39)$$

Der Flächenbedarf eines Arbeitsplatzes nimmt mit sinkendem Teilungsgrad tendenziell dann zu, wenn die Arbeitsplatzaufbauten nicht mehr auf einer Tischfläche angeordnet werden können. Es wäre jedoch eine einseitige Betrachtungsweise,

würde man deshalb für kleinen Flächenbedarf einen hohen Teilungsgrad fordern, denn die Anzahl m von Arbeitsplätzen als der
zweite Faktor, der den Flächenbedarf bestimmt, wird neben dem
Dimensionierungsgrad auch vom Teilungsgrad beeinflußt.

Als produktseitige Einflußgröße ist die Menge verschiedenartiger
Einzelteile zu berücksichtigen. Diese wirkt sich auf den Flächenbedarf über die Arbeitsplatzgestaltung aus. Bei kleiner Menge
verschiedenartiger Einzelteile wird es möglich sein, die entsprechenden Teilebehälter auf einer Tischfläche anzuordnen. Bei
großer Menge verschiedenartiger Einzelteile müssen die Teilebehälter auf mehrere Arbeitsplätze verteilt werden, um Teile-
burgen und ungünstige Greifwege zu vermeiden. Soll ein Mitarbeiter die gesamte Montage ausführen, muß er von Arbeitsplatz
zu Arbeitsplatz wechseln. Die einzelnen Arbeitsplätze sind also
nicht fortwährend besetzt. Sie stellen somit ein Kapazitätsangebot dar, das durch einen Mitarbeiter nicht voll genutzt werden
kann (Bild 36). Die damit vorhandene Reservekapazität ist vorteilhaft z.B. im Sinne der Erhöhung der Flexibilität bezüglich
Mengensteigerungen.

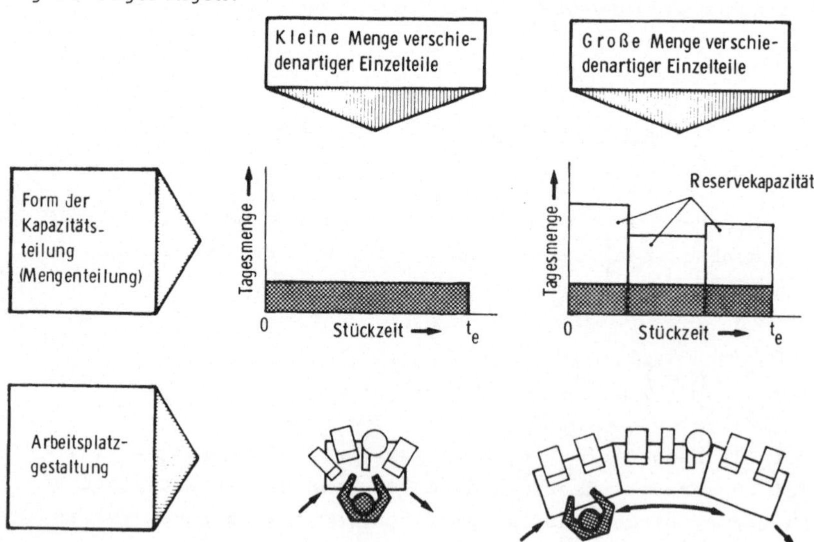

Bild 36: Auswirkung der Menge verschiedenartiger Einzel-
          teile bei Mengenteilung

Ist eine derartige Reservekapazität und der damit verbundene
Arbeitsplatzwechsel nicht erwünscht, so muß vor einer Entwicklung der Kapazitätsteilung ermittelt werden, welche Maxi-
malmenge verschiedenartiger Einzelteile an einem Arbeitsplatz
bereitgestellt werden kann.

4.2.6   Energie- und Instandhaltungskosten

Bei der im Rahmen dieser Arbeit betrachteten, vorwiegend
manuellen Serienmontage machen die Energie- und Instandhaltungskosten nur einen kleinen Anteil an den Montagestückkosten aus,
oft weniger als 5 %. Wenn man so in erster Näherung davon ausgeht, daß ein teurer Arbeitsplatz mehr Energie verbraucht und
aufwendiger instandzuhalten ist als ein billiger, dann erscheint
es von der Berechnungsgenauigkeit her ausreichend, die Energie-
und Instandhaltungskosten proportional zum Wiederbeschaffungswert der Arbeitsplätze anzusetzen.

4.2.7   Kosten durch Tagesmengenschwankungen

Arbeitssysteme im Fertigungsbereich Montage müssen aufgrund
mehrerer Ursachen die zu fertigende Tagesmenge variieren
können. Wichtige Ursachen sind:

o Die Vertriebsabteilung fordert eine größere oder kleinere
   Tagesmenge als bisher.
o Das Kapazitätsangebot der einsetzbaren Mitarbeiter ist
   z.B. durch geänderten Fehlstand größer oder kleiner als
   bisher.
o Das Kapazitätsangebot der Arbeitsplätze wird z.B. durch
   einen Defekt an einer Vorrichtung kleiner.

Die zu ergreifenden Maßnahmen zur Anpassung der Tagesmenge hängen von der Ursache und insbesondere vom Teilungsgrad der Kapazitätsteilung ab. Bei h o h e m Teilungsgrad besteht eine
erste mögliche Maßnahme gegen die vertriebsseitige Ursache
darin, einen einzelnen oder mehrere Mitarbeiter umzusetzen und
die übrigen Arbeitsplätze "umzutakten", d.h. die Gesamtstück-

zeit auf die verbleibende Anzahl von Arbeitsplätzen zu verteilen. Daraus wiederum folgt, daß die Arbeitsplätze umgerüstet werden müssen. Die erste mögliche Maßnahme kann auch
bei schwankendem Kapazitätsangebot der Mitarbeiter ergriffen
werden. Eine zweite mögliche Maßnahme gegen die vertriebsseitige Ursache vermeidet die mit dem Umtakten und Umrüsten
verbundenen Kosten, indem die Arbeitsplätze nur zeitweise,
z.B. nur vier Tage je Woche besetzt werden. Am im Beispiel
fünften Tag müssen dann alle Mitarbeiter umgesetzt werden.
Diese Maßnahme wird insbesondere bei lohnintensiver Montage
gewählt, da dabei nicht voll ausgelastete Arbeitsmittel nur
niedrige Fixkosten verursachen. Wird eine z.B. bei Artteilung
nur einmal vorhandene Vorrichtung defekt (dritte Ursache),
dann können die Produkte nur teilweise, oft nur bis zu der
vor der defekten Vorrichtung liegenden Teilverrichtung
montiert werden. Die übrigen Mitarbeiter müssen entweder
warten oder umgesetzt werden. Außerdem sind die nur teilweise montierten Produkte später zusätzlich fertig zu
montieren.

Bei n i e d r i g e m Teilungsgrad wirkt sich die dritte
Ursache, z.B. ein Vorrichtungsdefekt, nur auf eine Teilmenge
und oft nur auf einen einzelnen Mitarbeiter aus. Dieser muß
entweder warten oder umgesetzt werden. Bei Tagesmengenschwankungen, die von der Vertriebsabteilung bedingt sind, können
entweder - wie bei hohem Teilungsgrad - alle Arbeitsplätze
nur zeitweise besetzt und alle Mitarbeiter umgesetzt werden,
oder es werden nur einzelne Arbeitsplätze besetzt oder still-
gelegt. Die letztgenannte Maßnahme bietet sich bei Mengenteilung an, da dabei weder umgetaktet noch umgerüstet werden
muß. Bei niedrigem Teilungsgrad kann mit dem Besetzen oder
Stillegen einzelner Arbeitsplätze auch den Ursachen von Seiten
des Kapazitätsangebots der Mitarbeiter und der Arbeitsplätze
her begegnet werden.

Obige Aussagen sind in <u>Bild 37</u> zusammengefaßt.

Ursachen für Tagesmengen-schwankungen	Mögliche Maßnahmen zur Anpassung der Tagesmenge			
	Besetzen oder Still-legen einzelner Arbeitsplätze		Zeitweises Besetzen oder Stillegen aller Arbeitsplätze bei	Ausführen eines Teils der Teilver-richtungen und Besetzen oder Stillegen betroffen-er Arbeitsplätze bei
	und Umtakten bei	ohne Umtakten bei		
● Vertriebsabteilung	hohem Teilungsgrad	niedrigem Teilungsgrad	jedem Teilungsgrad	
● Schwankendes Kapazi-tätsangebot der Mitar-beiter wegen Fehl-standsänderung	hohem Teilungsgrad	niedrigem Teilungsgrad		
● Kleineres Kapazitäts-angebot der Arbeits-plätze wegen Defekt		niedrigem Teilungsgrad		hohem Teilungsgrad

Bild 37: Ursachen für Tagesmengenschwankungen und mögliche
Maßnahmen

4.2.8 Kosten durch Materialbereitstellung

Die Kosten K_{MB} durch Materialbereitstellung können als Produkt
aus dem Lohnsatz LS_{MB} für die Materialbereitstellung und der
je Tag für die Materialbereitstellung aufzuwendenden Zeit $t_{d_{MB}}$
verstanden werden. Außer diesen Kosten sind - insbesondere
bei der Bereitstellung sehr teurer Einzelteile - die Kosten K_U
durch Umlaufkapital, das in den Teilebehältern gebunden ist,
zu berücksichtigen:

$$K_{MB} = LS_{MB} \cdot t_{d_{MB}} + K_U \qquad (40)$$

Bei der Materialbereitstellung ist ein der Zeit t_s entsprechen-
der Weg vom Lager zu den Arbeitsplätzen und zum Lager zurück zu
durchlaufen. Die Länge des Weges hängt von der Art der Arbeitsplatzanordnung ab. Da diese als vom Teilungsgrad unabhängig angesehen werden kann, sei auch die Länge des Weges als vom Teilungsgrad unabhängig angenommen. Neben dem Durchlaufen des Weges
ist die Menge Z_{TB} von Teilebehältern zu füllen, wobei für die
Füllung eines Teilebehälters die von seinem Volumen V_B abhängige
Zeit $t_{fü}$ benötigt wird. Die Materialbereitstellung, d.h. das
Durchlaufen des Weges und das Füllen der Teilebehälter, ist

z.B. täglich n_{MB}-mal zu wiederholen. Unter der Annahme, daß jeder Teilebehälter gleich schnell gefüllt werden kann, gilt:

$$t_{d_{MB}} = n_{MB} \ (t_s + t_{fü} \cdot Z_{TB})$$ (41)

Die Menge Z_{TB} von Teilebehältern kann über die Menge Z_{TB_i} von Teilebehältern je Arbeitsplatz i berechnet werden:

$$Z_{TB} = \sum_{i=1}^{m} Z_{TB_i}$$ (42)

Wenn die Menge H der verschiedenartigen Einzelteile des Produkts gleichmäßig über der Gesamtstückzeit verteilt zu montieren ist, dann kann bei vollsymmetrischer Form der Kapazitätsteilung die Menge Z_{TB} von Teilebehältern vereinfacht berechnet werden:

$$Z_{TB} = H \cdot m \cdot \frac{t_i{}'}{t_e}$$ (43)

Die Zahl n_{MB} der Materialbereitstellungen je Tag läßt sich unter obigen Voraussetzungen und unter den Annahmen, daß die verschiedenartigen Einzelteile gleiches Volumen V_E und die Teilebehälter ebenfalls gleiches Volumen V_B haben, wie folgt berechnen:

$$n_{MB} = \frac{t_d \cdot V_E}{V_B \cdot t_i{}'}$$ (44)

Aus den Gleichungen (40), (41), (43) und (44) ergibt sich:

$$K_{MB} = LS_{MB} \cdot \frac{t_d \cdot V_E}{V_B \cdot t_i{}'} \cdot (t_s + t_{fü} \cdot H \cdot m \cdot \frac{t_i{}'}{t_e}) + K_U$$ (45)

Die Kosten K_U durch gebundenes Umlaufkapital können proportional zur Menge Z_{TB} von Teilebehältern angesetzt werden. So sind in der Gleichung (45) vom Teilungsgrad lediglich der Wert für die durchschnittliche Stückzeit $t_i{}'$ eines Arbeitsplatzes, für die Anzahl m von Arbeitsplätzen und für die Gesamtstückzeit t_e abhängig. Außerdem können die Kosten durch Materialbereitstellung durch das Volumen V_B der Teilebehälter beeinflußt werden. Wenn man berücksichtigt, daß sich bei geändertem Teilungsgrad der Wert für m/t_e weit weniger ändert als der für $t_i{}'$, dann läßt sich Gleichung (45) mit Gleichung (27) zur Abschätzung des Einflusses des Teilungsgrades auf die Kosten durch Materialbereitstellung reduzieren:

$$K_{MB} \sim \frac{1}{V_B} \left(\sqrt{TG} + \text{const} \right) + \sqrt{1/TG} \tag{46}$$

Unter den genannten Voraussetzungen lassen sich also Kosten durch Materialbereitstellung insbesondere durch große Volumina der Teilebehälter einsparen. Der Teilungsgrad beeinflußt den Kostenteil, der das Durchlaufen des Weges berücksichtigt, sowie die Kosten durch gebundenes Umlaufkapital. Ein z.B. erhöhter Teilungsgrad vergrößert einerseits den "Wege-Kostenteil". Andererseits aber senkt er im Beispiel die Kosten durch gebundenes Umlaufkapital. Der Zeitbedarf für das Füllen der Teilebehälter ist vom Teilungsgrad unabhängig.

4.2.9 Montagestückkosten

4.2.9.1 Vorbemerkungen

Unter Montagestückkosten sollen im Zusammenhang mit Formen der Kapazitätsteilung solche verstanden werden, die aufgrund des Betreibens von realisierten Arbeitsplätzen entstehen würden. Der Aufbau der Arbeitsplätze entspräche der Form der Kapazitätsteilung. Kosten, die durch andere Arbeitsmittel wie z.B. Verkettungsmittel entstehen, können ebenfalls in eine Rechnung einbezogen werden. Dies soll hier jedoch nicht geschehen, da zum einen die Form der Kapazitätsteilung nicht unmittelbar z.B. mit der Verkettung der Arbeitsplätze zusammenhängt und da zum andern die Höhe des Wiederbeschaffungswertes z.B. der Verkettungsmittel hauptsächlich vom Mechanisierungsgrad und von der Anordnung der Arbeitsplätze abhängt. Diese wiederum muß sich meistens nach räumlichen Gegebenheiten wie z.B. Flächenabmessungen, Säulenstandorten, Boden- und Deckendurchbrüchen richten.

4.2.9.2   In der Planungsphase erfaßbare Kosten

Zur Berechnung der Montagestückkosten werden folgende Kosten
herangezogen:

o   Lohn- und Lohngemeinstückkosten K_L

o   Kapitaldienst K_K

    Der Kapitaldienst umfaßt die kalkulatorische Abschreibung,
die kalkulatorischen Zinsen und den Versicherungsanteil
des den Arbeitsplätzen entsprechenden Wiederbeschaffungswertes

o   Flächenkosten K_F

    Die Flächenkosten können proportional zum Flächenbedarf
angesetzt werden.

o   Energie- und Instandhaltungskosten K_{EI}

o   Kosten durch Tagesmengenschwankungen K_T

o   Kosten durch Materialbereitstellung K_{MB}

Mit diesen Kosten ergeben sich die Montagestückkosten aus

$$K = K_L + K_{EI} + (K_K + K_F + K_T + K_{MB}) / N \qquad (47)$$

4.2.9.3   In der Planungsphase nicht oder nur schwer erfaßbare Kosten

Kosten durch Nacharbeit und Ausschuß sowie Kosten durch
Fluktuation und Fehlzeiten sind bei einer Nachkalkulation
der Montagestückkosten zu berücksichtigen. Um diese Kosten
auch in der Planungsphase in eine Bewertung einbeziehen zu
können, müßte ihr Zusammenhang mit der Form der Kapazitätsteilung bekannt sein. Dies ist jedoch kaum gegeben. Der
Literatur kann aber entnommen werden, daß sich niedrige
Teilungsgrade ("Arbeitserweiterung") vorteilhaft auf Nach-
arbeits- und Ausschußraten sowie Fehlzeiten- und Fluktua-
tionsraten auswirken (z.B. /61, 62, 63/).

4.3 Qualitative Bewertung der charakteristischen Formen der Kapazitätsteilung

Die Ausführungen in den vorigen Kapiteln lassen eine auf eine
bestimmte Arbeitsaufgabe bezogene Bewertung notwendig erscheinen. Wenn hier dennoch allgemein die charakteristischen
Formen der Kapazitätsteilung qualitativ bewertet werden,
dann ist einsichtig, daß es sich nur um eine pauschale Bewertung handeln kann. Sie wird vorgenommen, um bei zukünftigen
Planungen anhand betrieblicher Ziele den Bereich voraussichtlich
günstiger Formen der Kapazitätsteilung abgrenzen oder bestehende
Formen der Kapazitätsteilung schnell beurteilen zu können.

<u>Bild 38</u> zeigt das Ergebnis der qualitativen Bewertung, bei der
Erkenntnisse durchgeführter quantitativer Bewertungen berücksichtigt wurden.

Das Merkmal W i r t s c h a f t l i c h k e i t ist nicht
aufgeführt, da es einerseits mit jedem der bewerteten Merkmale mehr oder weniger direkt zusammenhängt und da es andererseits - als Ergebnis einer quantitativen Bewertung - noch
mehr als die genannten Merkmale auf arbeitsaufgabenbezogene
Daten angewiesen ist.

Merkmale	Bewertung des Merkmals bei den charakteristischen Formen der Kapazitätsteilung		
	Artteilung	Gemischte Kapazitätsteilung	Mengenteilung
Größe des Tätigkeits- und Handlungsspielraums	○	◐	●
Möglichkeit zu individueller Leistungsentfaltung	○	◐	●
Belastungswechsel	○	◐	●
Gefahr von Monotonieempfindungen	●	◐	○
Aufwand zur Einarbeitung	○	◐	●
Grad der Einübung	●	◐	○
Gefahr von hohen Arbeitsplatzaufbauten	○	◐	●
Überschaubarkeit des Materialflusses für den Vorgesetzten	●	◐	○
Flexibilität bezüglich Schwankungen im			
- Kapazitätsbedarf (Tagesmenge, Stückzeit)	○	◐	●
- Kapazitätsangebot (Anzahl Mitarbeiter)	○	◐	●
Nebentätigkeitszeit	●	◐	○
Taktausgleichszeit	●	◐	○
Lohngruppe	○	◐	●
Höhe des Wiederbeschaffungswerts für			
- Arbeitsplatzaufbauten	○	◐	●
- Verkettungsmittel und Puffer	●	◐	○
Auslastung der Arbeitsplatzaufbauten	●	◐	○
Flächenbedarf je Arbeitsplatz	○	◐	●
Auswirkungen von Störungen an Arbeitsmitteln	●	◐	○

○ ... tendenziell niedrig; ◐ ... günstiger Kompromiß möglich; ● ... tendenziell hoch

Bild 38: Bewertung von Merkmalen bei den charakteristischen Formen der Kapazitätsteilung

4.4 Leitlinien zur Planung der Kapazitätsteilung

Zur Unterstützung bei der Planung der Kapazitätsteilung werden auf der Basis der Erkenntnisse durchgeführter Bewertungen Leitlinien formuliert. Diese gelten insbesondere für Arbeitsaufgaben aus dem Bereich der vorwiegend manuellen Montage von Konsumgütern in Mittel- bis Großserien. Bild 39 zeigt die Leitlinien zur Planung der Kapazitätsteilung, deren Befolgung empfohlen wird, wenn niedrige Montagestückkosten erreicht werden sollen.

LEITLINIEN ZUR PLANUNG DER KAPAZITÄTSTEILUNG

Vorbereitung der Teilung

● Zeichne ein maßstäbliches Tagesmenge-Stückzeit-Diagramm!

● Trage auf der Tagesmengenachse unter Berücksichtigung des Dimensionierungsgrades die voraussichtliche minimale, die mittlere sowie die maximale Tagesmenge ein!

● Trage auf der Stückzeitachse die voraussichtlichen Stückzeiten der Teilverrichtungen nebeneinander ein!
Beachte dabei die Reihenfolgebeziehungen der Teilverrichtungen!

● Zeichne in das Diagramm ein Kapazitätsfeld, das dem voraussichtlichen maximalen Kapazitätsbedarf entspricht!

● Kennzeichne auf der Stückzeitachse Abschnitte, die sich unter Gesichtspunkten von Seiten der Montagetechnologie (z. B. Wechsel von Bestücken zu Löten), des Produktaufbaus (z. B. Wechsel von Baugruppenmontage zu Endmontage) u. a. ergeben!

● Trage über der Stückzeitachse die Höhe der zu jeder Teilverrichtung gehörenden Lohngruppe sowie die Höhe des Wiederbeschaffungswertes von zur Ausführung der einzelnen Teilverrichtungen benötigten Vorrichtungen, Werkzeuge usw. entsprechend einer Minutensatzfunktion auf!

Teilung des Kapazitätsbedarfs

● Teile bei zu erwartenden häufigen Tagesmengenschwankungen den Kapazitätsbedarf oberhalb der voraussichtlichen minimalen Tagesmenge nur bei großen Wiederbeschaffungswerten und großen Lohngruppenunterschieden in Spalten, ansonsten in viele Zeilen!

Wähle dabei die Höhe der Zeilen durch Verändern der Spaltenbreite so, daß sich der einer Zeile entsprechende Kapazitätsbedarf durch eine ganzzahlige oder nur wenig zu rundende Zahl von Arbeitsplätzen decken läßt! Beachte die vorher gekennzeichneten Abschnitte sowie tarifliche Vereinbarungen (z. B. Mindeststückzeit je Arbeitsplatz)!

● Teile den Kapazitätsbedarf von der Stückzeitachse ausgehend unter Berücksichtigung der Teilverrichtungen und der Minutensatzfunktion
- in breite Spalten bei gleicher Lohngruppe oder nur kleinen Lohngruppenunterschieden sowie kleinen Wiederbeschaffungswerten und
- in schmale Spalten bei großen Wiederbeschaffungswerten!

Wähle dabei die Breite einer Spalte so, daß sich der einer Spalte entsprechende Kapazitätsbedarf durch eine ganzzahlige oder nur wenig zu rundende Zahl von Arbeitsplätzen decken läßt! Teile diesen Kapazitätsbedarf in Zeilen! Beachte die vorher gekennzeichneten Abschnitte sowie tarifliche Vereinbarungen!

Bild 39: Leitlinien zur Planung der Kapazitätsteilung

5 Ein Verfahren zur Planung der Kapazitätsteilung, angewendet an einem Praxisbeispiel

5.1 Vorgehen bei der Planung der Kapazitätsteilung

Die Planung der Kapazitätsteilung ist wichtig, denn das Ausmaß, in dem grundlegende Ziele von Arbeitssystemen wie z.B. Flexibilität erreicht werden können, wird durch die Form der Kapazitätsteilung stärker beeinflußt als z.B. durch die Art der Arbeitsplatzanordnung. Dies ist mit dem Unterschied zwischen Art- und Mengenteilung zu erklären, der mit steigender Arbeitsplatzanzahl größer wird. Eine Entscheidung entweder für Artteilung oder für Mengenteilung anstatt eine Planung der Kapazitätsteilung erscheint deshalb nicht richtig.

Bezieht man als Kriterium für die günstigste Form der Kapazitätsteilung den Planungsaufwand mit ein, so ist es wegen der Vielzahl möglicher Formen vorteilhaft, diesen auf einen durch Ziele abgrenz- und einschränkbaren Bereich des Feldes möglicher Formen zu konzentrieren und somit nicht alle zu betrachten. Dieses Vorgehen sei zielorientiert genannt. Es wird für eine Planung der Kapazitätsteilung vorgeschlagen. Bild 40 gibt einen Überblick über das Vorgehen.

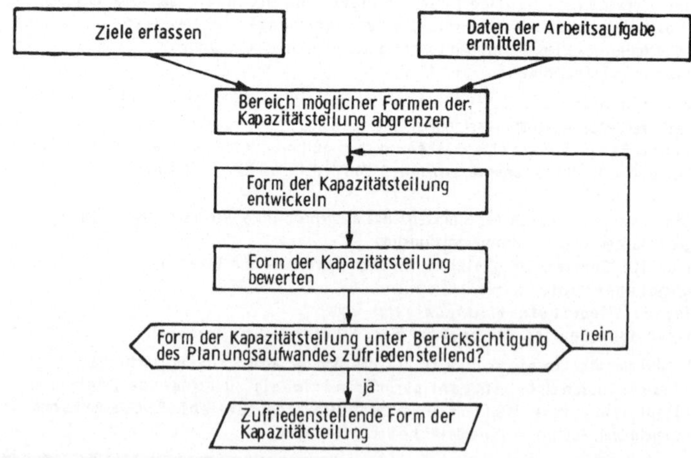

Bild 40: Überblick über das Vorgehen der Planung der Kapazitätsteilung

Die einzelnen Schritte des Vorgehens werden im weiteren erläutert.

5.1.1   Erfassen von Zielen

Neben der Arbeitsaufgabe muß ein Montagearbeitssystem betriebliche Ziele wie z.B. Flexibilität erfüllen. Diese Ziele, die auch als Kriterien zur Beurteilung von Formen der Kapazitätsteilung dienen können, sollten zu Beginn der Planung z.B. durch Interview der Unternehmensleitung erfaßt werden.

Für die Planung der Kapazitätsteilung sind solche Kriterien von Bedeutung, die durch verschiedene Formen unterschiedlich weit erfüllt werden. Mit derartigen Kriterien wird der Bereich innerhalb des Feldes möglicher Formen abgegrenzt.

5.1.2   Ermitteln von Daten der Arbeitsaufgabe

Für eine Planung der Kapazitätsteilung sind hauptsächlich folgende Daten der Arbeitsaufgabe zu ermitteln:
o Daten zum Produkt
   - Masse und Volumen vom Produkt und von den Einzelteilen
   - Menge verschiedenartiger Einzelteile
   - Montagetätigkeiten und ihre Reihenfolgebeziehungen
o Daten zur Kapazität
   - Kapazitätsbedarf der Arbeitsaufgabe(Gesamtmenge, Gesamtstückzeit)
   - Kapazitätsangebot eines Arbeitsplatzes
o Daten zur Bewertung (vgl. Bild 33)

5.1.3   Abgrenzen des Bereichs möglicher Formen der Kapazitätsteilung

Das Abgrenzen des Bereichs möglicher Formen der Kapazitätsteilung kann einerseits durch Vergleich der Ziele bzw. Kriterien mit den in Bild 38 bewerteten Merkmalen der charakteristischen Formen geschehen. So erhält man Hinweise, ob eine den Zielen gerecht werdende Form mehr einen niedrigen oder mehr einen hohen Teilungsgrad aufweisen wird. Andererseits lassen sich Ergebnisse bereits bewerteter Formen der Kapazitätsteilung dazu verwenden,

Schwachstellen aufzudecken. Diese Schwachstellen können bei der
Entwicklung einer weiteren Form grundsätzlich durch Änderung
des Teilungsgrades und bzw. oder durch Änderung der Spaltenanordnung beseitigt oder in ihren Auswirkungen verringert werden.

Eine Änderung des Teilungsgrades kann eine Verkleinerung, d.h
in Richtung Mengenteilung, oder eine Vergrößerung, d.h in Richtung Artteilung, bedeuten. Eine andere Spaltenanordnung ergibt
bei gleichem Teilungsgrad z.B. dann ein anderes Bewertungsergeb-
nis, wenn zur Ausführung der Montagetätigkeiten unterschiedlich
teure Betriebsmittel notwendig sind.

5.1.4 Entwickeln von Formen der Kapazitätsteilung

Beim Entwickeln einer Form der Kapazitätsteilung ist das dem
Kapazitätsbedarf entsprechende Kapazitätsfeld in m Teilflächen
gleicher Flächeninhalte zu teilen, wobei m die Anzahl von Arbeitsplätzen ist. Die Teilung muß dabei nicht sofort in m Teilflächen
erfolgen. Sie kann zunächst zu größeren Teilflächen führen. Diese
können als Subkapazitäten verstanden und für sich weiter unterteilt werden.

Bei der Teilung der Fläche kann man sich an den Leitlinien zur
Planung der Kapazitätsteilung (vgl. Bild 39) orientieren. Damit
sind die Voraussetzungen für ein systematisches Vorgehen unter
Berücksichtigung produkt- und produktionsseitiger Einflußgrößen
gegeben. Ist von Seiten der Kriterien her ein hoher Teilungsgrad gewünscht, dann sind die den Arbeitsplatzkapazitäten entsprechenden Teilflächen jeweils auf große Tagesmenge und kleine
Stückzeit auszulegen. Bei gewünschtem niedrigem Teilungsgrad
sind je Arbeitsplatzkapazität größere Stückzeiten vorzusehen.
Dabei müssen die Stückzeiten nicht alle gleich sein oder in
einem bestimmten Verhältnis zueinander stehen. Im Sinne eines
abgeglichenen Kapazitätsangebots sollte jedoch darauf geachtet
werden, daß die durch Festlegung der Stückzeit eines Arbeitsplatztyps bestimmte und zu deckende Spalte des Kapazitätsbedarfs mit einer Anzahl von Teilflächen gedeckt werden kann,
die entweder ganzzahlig oder zur Ganzzahligkeit nur wenig zu
runden ist.

Der Schritt "Form der Kapazitätsteilung bewerten" kann entsprechend den in Kapitel 4 dargestellten Inhalten ausgeführt werden. Der Ablauf "Entwickeln - Bewerten" ist so oft zu wiederholen, bis eine Form der Kapazitätsteilung unter Berücksichtigung des Planungsaufwands als zufriedenstellend betrachtet wird.

5.2   Daten der Arbeitsaufgabe des Praxisbeispiels

5.2.1 Daten zum Produkt

Im Praxisbeispiel besteht die Arbeitsaufgabe in der qualitativ und quantitativ bestimmten Montage einer Instrumentenkombination. Die Masse einer Instrumentenkombination beträgt im Durchschnitt 1,3 kg bei einem Volumen von ca. 4 dm^3. Für die Endmontage der Instrumentenkombination sind die in <u>Bild 41</u> gezeigten Baugruppen und Einzelteile zu montieren.

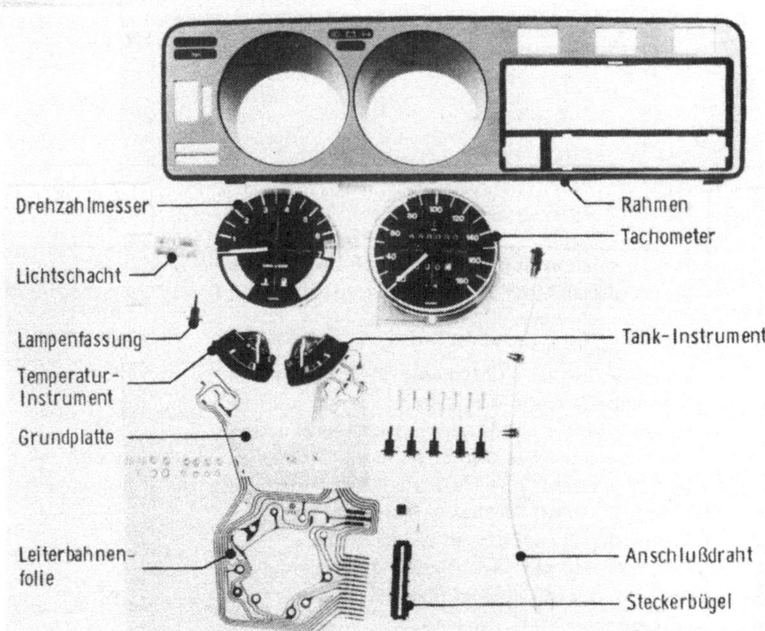

Bild 41: Baugruppen und Einzelteile der Instrumentenkombination

Bei der Endmontage sind 16 Tätigkeiten auszuführen, die als Teilverrichtungen definiert sein sollen. Die gegenseitigen Abhängigkeiten der Teilverrichtungen sind im <u>Bild 42</u> in Form eines Vorranggraphen dargestellt. Hinweise zur Konstruktion und Auswertung eines Vorranggraphen enthält /64/. Die gegenseitigen Abhängigkeiten der Teilverrichtungen müssen bei der Planung der Kapazitätsteilung insofern berücksichtigt werden, als eine Teilverrichtung an einem bestimmten Produkt in einem bestimmten Montagestadium nur dann ausgeführt werden kann, wenn alle im Vorranggraphen links von der betrachteten angeordneten und durch eine Linie mit ihr verbundenen Teilverrichtungen bereits ausgeführt wurden.

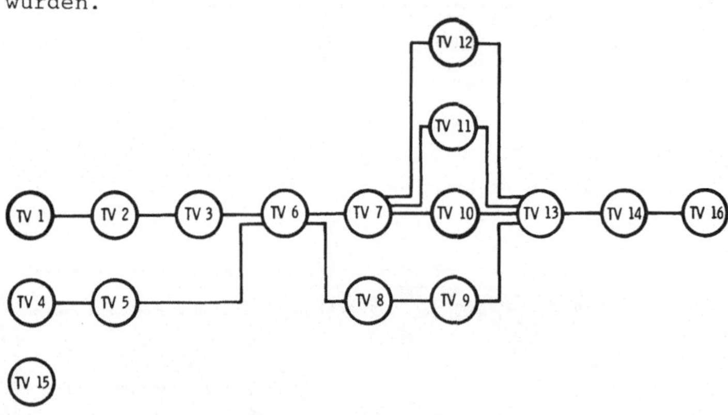

Teilver- richtung	Beschreibung
TV 1	Tank- und Temperatur-Instrument in Grundplatte klipsen
TV 2	Grundplatte mit Tank- und Temperatur-Instrument an Drehzahlmesser schrauben
TV 3	Sichtkontrolle durchführen
TV 4	Rahmen auspacken
TV 5	4 Gummikappen und Lichtschacht auf Rahmen stecken
TV 6	Drehzahlmesser und Tachometer in Rahmen einlegen
TV 7	Leiterbahnenfolie und 3 Lampenfassungen montieren
TV 8	Steckerbügel und 1 Lampenfassung montieren
TV 9	Drehzahlmesser und Tachometer mit Mehrfachschrauber an Rahmen schrauben
TV 10	3 Lampenfassungen montieren
TV 11	Anschlußdraht mit 1 Lampenfassung montieren
TV 12	Anschlußdraht zweimal einklipsen und anschrauben
TV 13	Beleuchtungskontrolle durchführen
TV 14	Endkontrolle durchführen
TV 15	Versandkiste umsetzen
TV 16	Instrumentenkombination verpacken

Bild 42: Vorranggraph und Beschreibung der Teilverrichtungen
zur Endmontage der Instrumentenkombination

5.2.2 Daten zur Kapazität

Von den beiden Faktoren, die den Kapazitätsbedarf beeinflussen, wird zunächst die Gesamtmenge bestimmt. Diese kann im Praxisbeispiel mit derjenigen verglichen werden, in der das Vorgängermodell der Instrumentenkombination montiert wurde. Bild 43 zeigt den Verlauf der gefertigten Gesamtmenge über einen Zeitraum von neun Monaten. Die großen Unterschiede in der Gesamtmenge lassen es nicht sinnvoll erscheinen, für die Zukunft von einer gleichbleibenden Gesamtmenge auszugehen. So wird lediglich die voraussichtliche minimale Gesamtmenge von N_{min} = 600 Stck/Tag bestimmt. Das Ausmaß der zusätzlich vorzusehenden Gesamtmengenreserve soll über den Dimensionierungsgrad geplant werden.

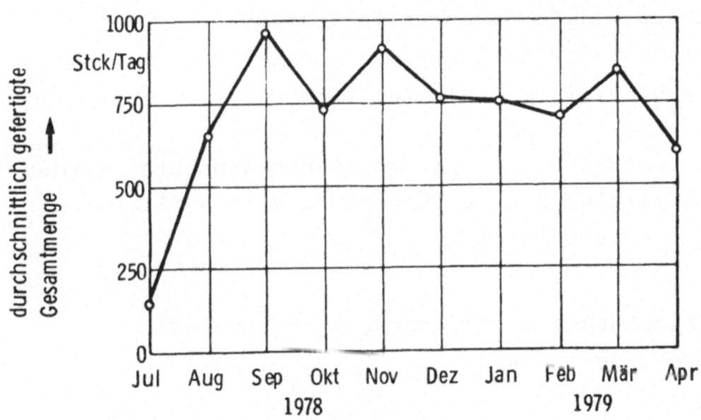

Bild 43: Verlauf der durchschnittlich gefertigten Gesamtmenge von Instrumentenkombinationen des Vorgängermodells über der Zeit

Die Gesamtstückzeit für die Endmontage der Instrumentenkombination kann zur Bestimmung des Kapazitätsbedarfs vom Vorgängermodell mit t_e = 6,84 min/Stck übernommen werden, da einerseits bei beiden Instrumentenkombinationen die - unter dem Aspekt des Zeitbedarfs gesehen - gleichen Montagetätigkeiten auszuführen sind und da andererseits eine Reduzierung der Gesamtstückzeit durch höheren Mechanisierungs- bzw. Automatisierungsgrad aufgrund kratz- und bruchempfindlicher sowie flexibler Einzelteile der Instrumentenkombination nicht in Betracht gezogen werden kann.

Mit den Werten für die minimale Gesamtmenge und für die Gesamtstückzeit ergibt sich ein Kapazitätsbedarf von C = 4104 min/Tag.

Das Kapazitätsangebot eines Arbeitsplatzes wird für das Praxisbeispiel mit c = 440 min/Tag angesetzt.

Die Anzahl von Arbeitsplätzen berechnet sich gemäß Gleichung (2) zu m = 10. Damit ist nach Gleichung (12) der Dimensionierungsgrad DG ≈ 1. Um auch eine größere als die minimale Gesamtmenge montieren zu können, sollte der Dimensionierungsgrad erhöht werden. Das Ausmaß der Erhöhung wird geplant, indem zunächst unterschiedliche Dimensionierungsgrade angenommen werden - im Praxisbeispiel von DG = 1 in drei gleichen Stufen bis DG = 1,75 -. Unter Berücksichtigung der erhöhten Dimensionierungsgrade sind sodann mögliche Formen der Kapazitätsteilung zu entwickeln und zu bewerten.

Neben den produkt- und kapazitätsbezogenen Daten wurden für das Praxisbeispiel die zur Bewertung erforderlichen Daten (vgl. Bild 33) ermittelt.

5.2.3 Die Kapazitätsteilung bei der Montage des Vorgängermodells

Zur Erfüllung einer Arbeitsaufgabe, die mit der des Praxisbeispiels vergleichbar ist, besteht bereits ein Arbeitssystem. Diesem liegt eine Form der Kapazitätsteilung zugrunde, die Bild 44 zeigt. Es handelt sich um eine mit hohem Teilungsgrad von TG = 14,833. Dieser hohe Teilungsgrad ist typisch für die nach dem Ablaufprinzip "Fertigung nach dem Flußprinzip" geplante industrielle Serienmontage.

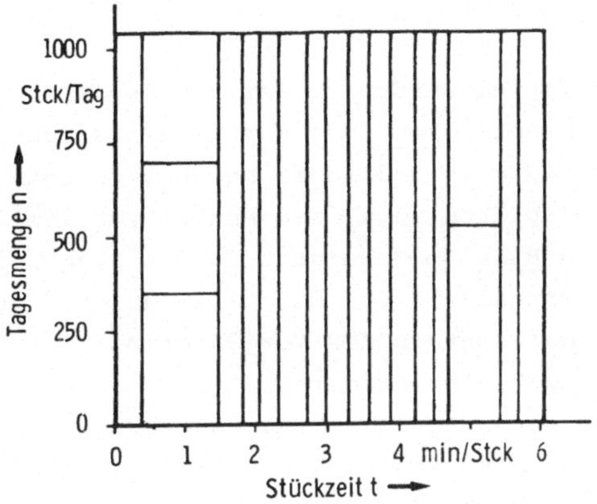

Bild 44: Kapazitätsteilung bei der Montage des
Vorgängermodells

Die Kapazitätsteilung weist 19 Arbeitsplätze und 16 Arbeitsplatztypen aus. An jedem Arbeitsplatztyp kann eine der in
Bild 42 genannten Teilverrichtungen ausgeführt werden. Die
vereinzelte Einrichtung paralleler Arbeitsplätze geschah
zwangsweise in den Fällen, in denen die Stückzeit einer
Teilverrichtung größer als die Taktzeit war.

Die Teilflächen in Bild 44 entsprechen den genutzten Arbeitsplatzkapazitäten bei der Montage einer Gesamtmenge von N =
1050 Stck/Tag. Alle Arbeitsplätze sind dabei besetzt. Aufgrund des hohen Teilungsgrades sind auch dann alle zu besetzen, wenn eine kleinere Gesamtmenge montiert werden soll.
So muß die Höhe der Gesamtmenge über verschieden lange Be-
setzung der Arbeitsplätze gesteuert werden. Dabei entsteht
Aufwand für das Umsetzen der Mitarbeiter, der bei einer Bewertung zu berücksichtigen ist.

5.3 Entwickelte Formen der Kapazitätsteilung des Praxisbeispiels

Für das Praxisbeispiel wurden zu der von der Montage des Vorgängermodells bekannten Form der Kapazitätsteilung mit einem Teilungsgrad von TG = 14,833 fünfzehn weitere entwickelt. Die Anzahl der Arbeitsplätze, d.h. die Anzahl von Teilflächen innerhalb jeder der in Bild 45 gezeigten Formen ergab sich bei einem Dimensionierungsgrad von DG = 1,75 unter Zugrundelegung der Stückzeiten der Montage des Vorgängermodells. Die Unterschiede in der Anzahl von Arbeitsplätzen von Form zu Form hängen insbesondere damit zusammen, daß verschieden oft und verschieden stark entsprechend Gleichung (11) gerundet werden mußte. Weitere Unterschiede können sich ergeben, wenn sich durch die geänderte Form der Kapazitätsteilung auch die Stückzeit ändert. Dies wird im Rahmen der Bewertung untersucht. Hier seien beispielhaft die Auswirkungen einer geänderten Stückzeit angesprochen. Wenn aufgrund einer z.B. kleineren Stückzeit zur Deckung des Kapazitätsbedarfs eine kleinere als bei der Entwicklung vorgesehene Anzahl von Arbeitsplätzen ausreicht, dann erhöht sich bei nicht im nachhinein geänderter Anzahl von Arbeitsplätzen der Dimensionierungsgrad. Die damit verbundene, zusätzliche Reservekapazität erhöht zwar die Fixkosten, nicht aber die Lohn- und Lohngemeinkosten. So erscheint es unter Berücksichtigung des in der Montage meist hohen Anteils von Lohn- und Lohngemeinkosten an den Montagekosten zulässig, bei einer Bewertung mit der Anzahl von Arbeitsplätzen zu rechnen, die sich ohne angepasste Stückzeit ergibt.

Ziel bei der Entwicklung von Formen der Kapazitätsteilung für das Praxisbeispiel war, Formen mit unterschiedlichem Teilungsgrad zu erhalten, um das Verhalten bestimmter Merkmale, wie z.B. Stückzeit, für mehrere Teilungsgradbereiche verfolgen zu können. Bei einer betrieblichen Planung der Kapazitätsteilung wären nicht alle in Bild 45 gezeigten und zu bewertenden Formen entwickelt worden, sondern nur solche, die im durch Ziele abgegrenzten Bereich voraussichtlich günstiger Formen liegen.

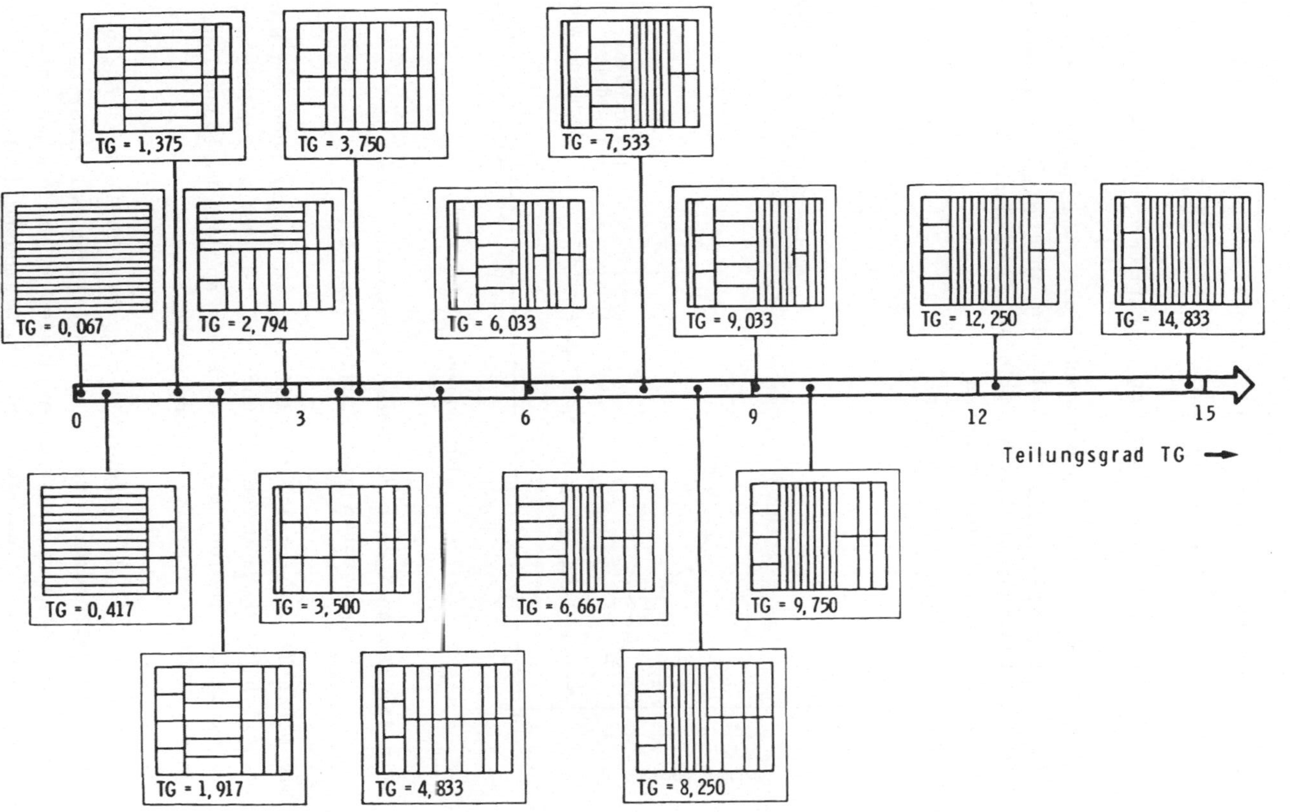

Bild 45:   Zu bewertende Formen der Kapazitätsteilung
           (symbolisch)

5.4 Ergebnisse einer quantitativen Bewertung von Formen der Kapazitätsteilung des Praxisbeispiels

5.4.1 Abhängigkeit relevanter Zeitarten vom Teilungsgrad

Beim Praxisbeispiel wurden zunächst die einzelnen Zeitarten der Nebentätigkeitszeit für jeden der in Bild 45 aufgeführten Teilungsgrade quantifiziert. Bild 46 zeigt den Verlauf dieser Zeitarten über dem Teilungsgrad.

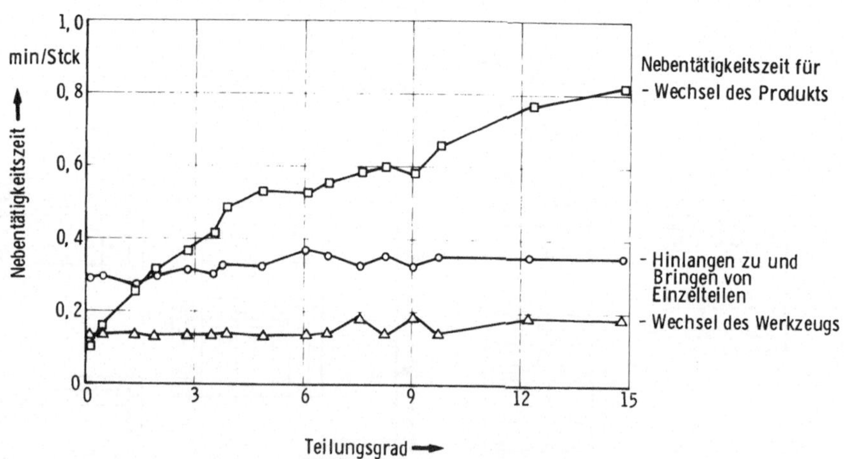

Bild 46: Abhängigkeit der Nebentätigkeitszeiten vom Teilungsgrad beim Praxisbeispiel

Die Nebentätigkeitszeit für Hinlangen zu und Bringen von Einzelteilen hängt kaum vom Teilungsgrad ab, da das Produkt auch bei niedrigen Teilungsgraden in Bezug auf die Bewegungslängen günstige Materialbereitstellung ermöglicht.

Die Abhängigkeit der Nebentätigkeitszeit für Wechsel des Produkts vom Teilungsgrad zeigt, daß die Kurve bei niedrigen Teilungsgraden tendenziell steiler steigt als bei hohen. Dieser Verlauf entspricht den aufgrund von Gleichung (30) getroffenen Aussagen.

Beim Praxisbeispiel müssen im Verlauf der Montage nur wenige
Werkzeuge gewechselt werden. Entsprechend niedrig liegt die
Nebentätigkeitszeit für Wechsel des Werkzeugs. Die Abhängigkeit
vom Teilungsgrad ist gering, da die Werkzeuge auch bei Artteilung je Produkt aufzunehmen und abzulegen sind. Bei niedrigen
Teilungsgraden sinkt der Zeitbedarf für Wechsel des Werkzeugs
etwas, da mit einem Schrauber an mehreren Stellen geschraubt
werden kann. Bei hohem Teilungsgrad sind diese Stellen auf verschiedene Arbeitsplätze verteilt, sodaß weitere Schrauber aufgenommen und abgelegt werden müssen.

Die Taktausgleichszeit wurde ebenfalls für jede Form der
Kapazitätsteilung des Praxisbeispiels berechnet. Bild 47 zeigt,
daß die Taktausgleichszeit mit zunehmendem Teilungsgrad
tendenziell ebenfalls zunimmt. Die großen Unterschiede in der
Höhe der Taktausgleichszeit folgen aus den Unterschieden in der
Anzahl von Arbeitsplätzen der jeweiligen Form der Kapazitätsteilung.

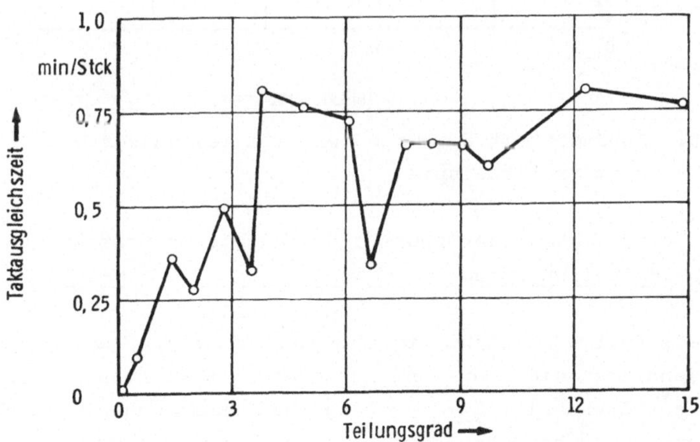

Bild 47: Abhängigkeit der Taktausgleichszeit vom Teilungsgrad
          beim Praxisbeispiel

<u>Bild 48</u> zeigt für das Praxisbeispiel den Verlauf der <u>Grundzeit</u>
über dem Teilungsgrad. Die Grundzeit, die neben den vom Teilungsgrad abhängigen Zeitarten die als konstant ansetzbare
Haupttätigkeitszeit enthält, steigt tendenziell mit zunehmendem Teilungsgrad. Durch den großen Einfluß der Taktausgleichszeit, der deutlich wiederzuerkennen ist, ergibt sich beim Praxisbeispiel auch bei einem mittleren Teilungsgrad von TG = 6,667
eine niedrige Grundzeit.

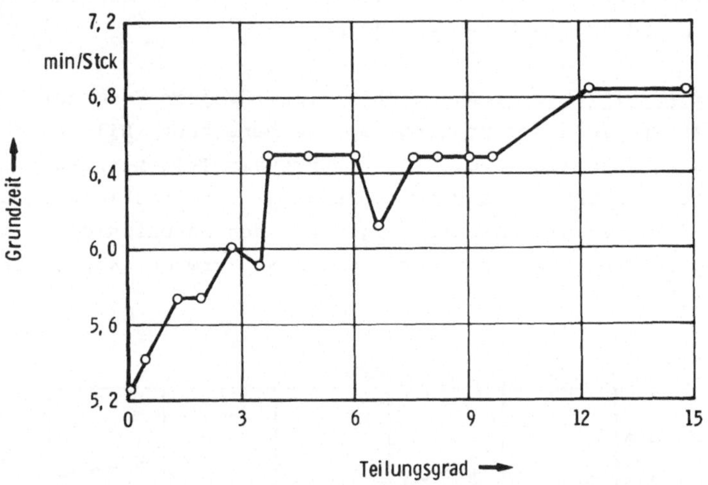

Bild 48:   Abhängigkeit der Grundzeit vom Teilungsgrad
           beim Praxisbeispiel

5.4.2   Abhängigkeit der Lohn- und Lohngemeinstückkosten vom Teilungsgrad

Wenn jede Teilverrichtung mit gleicher Lohngruppe entlohnt
wird, dann sind die Lohn- und Lohngemeinstückkosten proportional zur Grundzeit. <u>Bild 49</u> zeigt den Zusammenhang zwischen
den Lohn- und Lohngemeinstückkosten und dem Teilungsgrad und
läßt die Proportionalität zum Grundzeitverlauf (vgl. <u>Bild 48</u>)
erkennen.

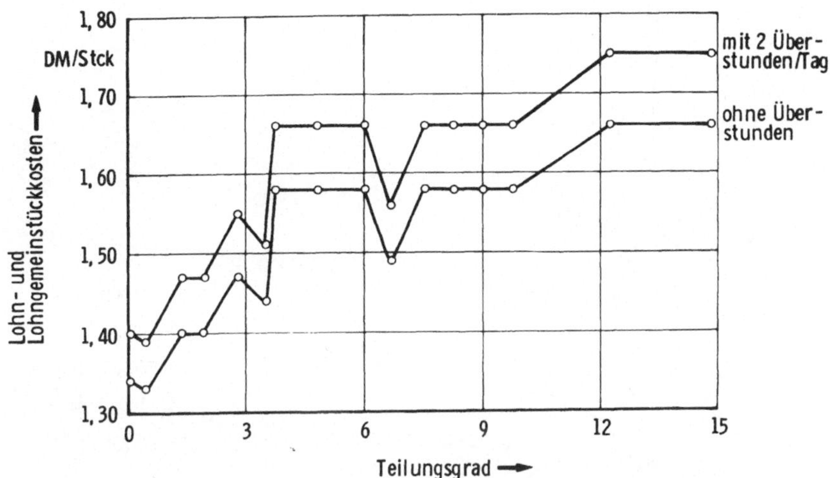

Bild 49:   Abhängigkeit der Lohn- und Lohngemeinstückkosten
vom Teilungsgrad beim Praxisbeispiel

Beim Praxisbeispiel wird lediglich die Teilverrichtung 14
"Endkontrolle durchführen" mit höherer Lohngruppe entlohnt. Da
diese Teilverrichtung bei Mengenteilung (Teilungsgrad TG = 0,067)
mit den übrigen zusammengefaßt ist und somit alle Teilverrichtungen in der höheren Lohngruppe entlohnt werden, erhält man
trotz der bei Mengenteilung geringsten Grundzeit nicht die geringsten Lohn- und Lohngemeinstückkosten.

Die Überstunden wurden mit einem Überstundenzuschlag von 25 %
auf die Lohn- und Lohngemeinstückkosten kalkuliert.

5.4.3   Arbeitsplatzbezogene Bewertungsergebnisse

Aus Bild 50 ist der Einfluß des Dimensionierungsgrades und des
Teilungsgrades auf den Wiederbeschaffungswert der Arbeitsplätze
zu erkennen. Der niedrigste Wiederbeschaffungswert ist in
diesem Fall nicht beim höchsten Teilungsgrad zu finden. Dies
hängt damit zusammen, daß bei niedrigeren Teilungsgraden, z.B.
TG = 9,033, aufgrund kleinerer Gesamtstückzeiten eine kleinere
Anzahl m von Arbeitsplätzen vorgesehen werden kann.

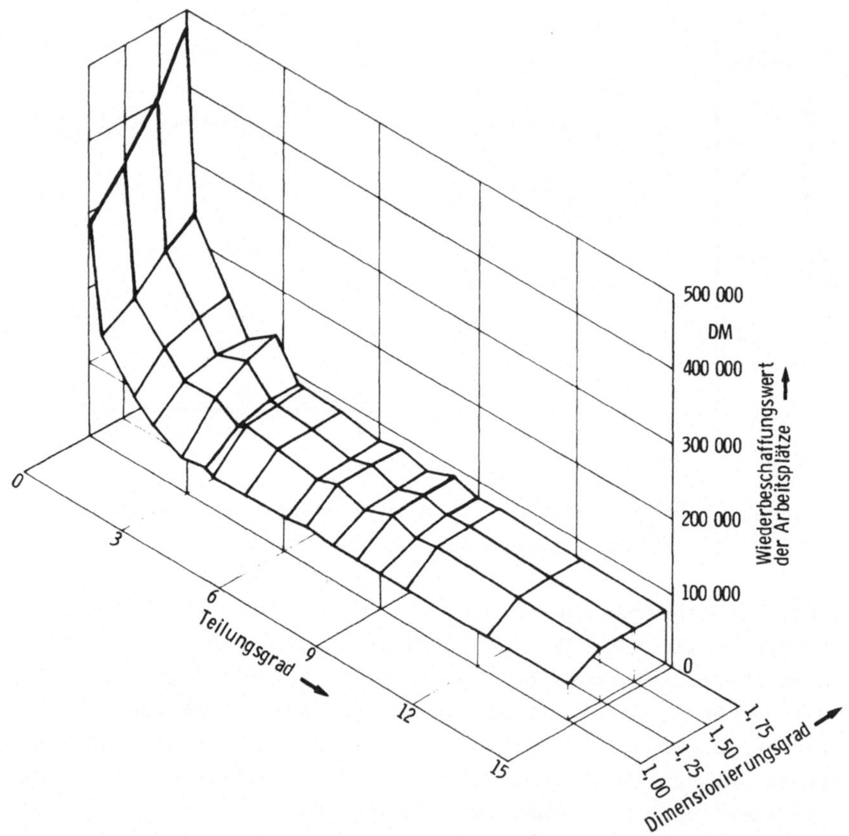

Bild 50:　Abhängigkeit des Wiederbeschaffungswertes der
Arbeitsplätze vom Dimensionierungs- und Teilungsgrad
beim Praxisbeispiel

Die Abhängigkeit des <u>Flächenbedarfs</u> der Arbeitsplätze vom
Dimensionierungs- und Teilungsgrad zeigt <u>Bild 51</u>. Der Flächen-
bedarf hängt insbesondere bei niedrigen Teilungsgraden stark
vom Dimensionierungsgrad ab. Der Teilungsgrad beeinflußt den
Flächenbedarf bei jedem Dimensionierungsgrad in etwa gleicher
Weise.

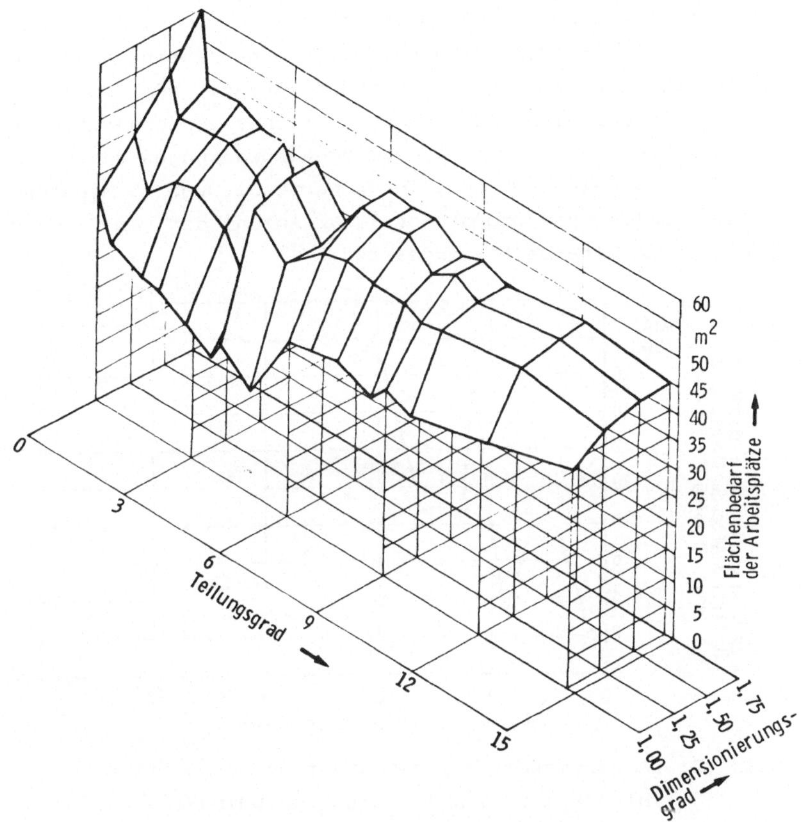

Bild 51: Abhängigkeit des Flächenbedarfs der Arbeitsplätze vom Dimensionierungs- und Teilungsgrad beim Praxisbeispiel

Für die Berechnung der Kosten_durch_Tagesmengenschwankungen ist das Besetzen oder Stillegen von Arbeitsplätzen bedeutend. Im Praxisbeispiel ist die Montage der Instrumentenkombination lohnintensiv. Deshalb werden vertriebsseitige Tagesmengen- schwankungen bei hohem Teilungsgrad durch zeitweises Besetzen oder Stillegen aller Arbeitsplätze und bei niedrigem Teilungs- grad durch Besetzen oder Stillegen einzelner Arbeitsplätze ausgeglichen. Bild 52 zeigt, wie die Anzahl der vom Umsetzen betroffenen Mitarbeiter vom Teilungsgrad abhängt. Dabei wurde angenommen, daß sich die Tagesmenge wie bei der Montage des Vorgängermodells wöchentlich ändert.

Ursachen von Tagesmengenschwankungen, die vom Kapazitätsangebot
der Mitarbeiter oder der Arbeitsplätze herrühren, sind nicht
berücksichtigt, da z.B. Fehlstandsänderungen oder Vorrichtungs-
defekte in der Planungsphase nur unsicher vorausgesagt werden
können. Die Kosten durch Tagesmengenschwankungen wurden
entsprechend einer wöchentlichen Wartezeit von 15 Minuten
je Mitarbeiter und proportional zur Anzahl der vom Umsetzen
betroffenen Mitarbeiter angesetzt.

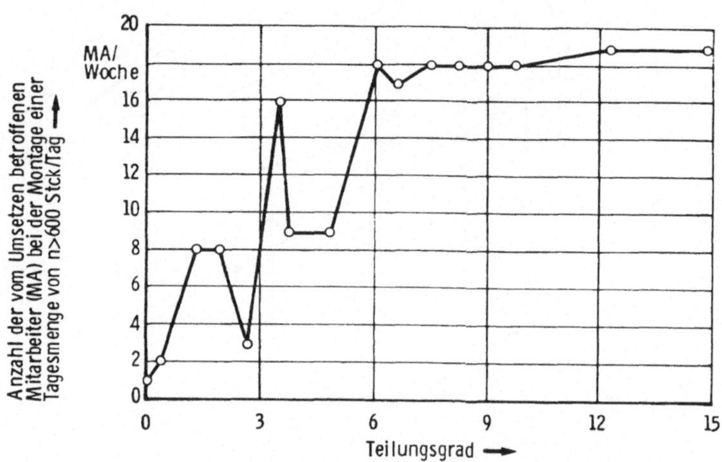

Bild 52:   Abhängigkeit der vom Umsetzen betroffenen
           Mitarbeiter vom Teilungsgrad beim Praxisbeispiel

Die Kosten durch Materialbereitstellung sind im Praxisbeispiel
von untergeordneter Bedeutung. Bei gleich angesetztem Teile-
behältervolumen ergeben sich durch maximale Unterschiede im
Teilungsgrad Kostenunterschiede von weniger als 10 DM/Tag,
das entspricht weniger als 1 % der Montagekosten.

5.4.4   Die Montagestückkosten beim Praxisbeispiel

Die Montagestückkosten beim Praxisbeispiel wurden für die in
Bild 45 dargestellten Formen der Kapazitätsteilung für verschiedene Dimensionierungsgrade und für verschiedene Gesamtmengen berechnet. Bild 53 zeigt, wie die Montagestückkosten
vom Teilungsgrad und von der gefertigten Gesamtmenge abhängen.

Die Werte basieren auf einem Dimensionierungsgrad von DG = 1,
d.h. die Gesamtmenge beträgt N = 600 Stck/Tag. Diese kann
durch zwei Überstunden auf N = 750 Stck/Tag gesteigert werden.

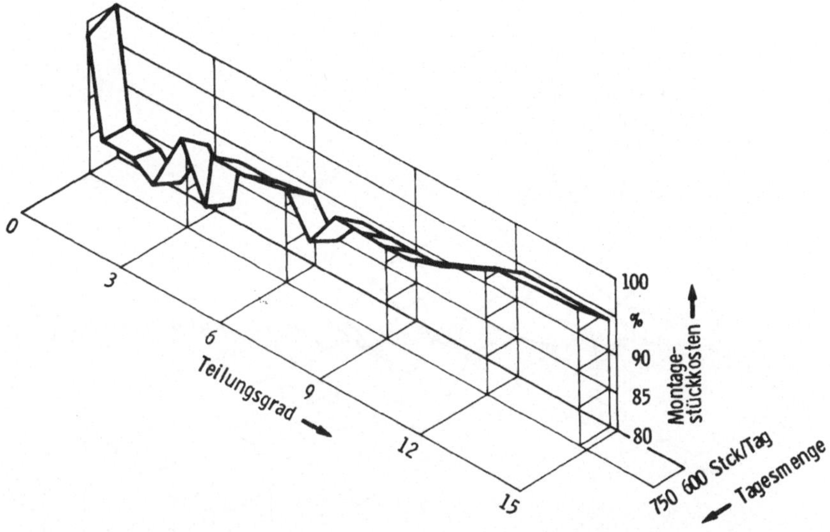

Bild 53: Abhängigkeit der Montagestückkosten vom Teilungsgrad und von der gefertigten Gesamtmenge bei einem
Dimensionierungsgrad von DG = 1 beim Praxisbeispiel.
100 % entsprechen den Montagestückkosten bei einer
Tagesmenge von 600 Stck/Tag und Mengenteilung.

Die niedrigsten Montagestückkosten ergeben sich bei einem
Teilungsgrad von TG = 1,917. Weitere unter diesem Gesichtspunkt günstige Teilungsgrade sind TG = 3,5 und TG = 6,667.
Das Montieren mit Überstunden führt beim niedrigsten Teilungsgrad in Folge besserer Auslastung der teuren Arbeitsplätze trotz Überstundenzuschlag zu einer Kostensenkung.
Bei den Teilungsgraden, die größer als TG = 0,417 sind,
gilt umgekehrtes. Hier überwiegt der Einfluß des Überstun-
denzuschlags den der besseren Auslastung der Arbeitsplätze.

Bei zu erwartenden größeren Gesamtmengen ist ein größerer Dimensionierungsgrad, z.B. DG = 1,75, vorzusehen. Bild 54 gilt
für diesen Fall, in dem mit zwei Überstunden eine Gesamtmenge
von N = 1312 Stck/Tag montiert werden kann.

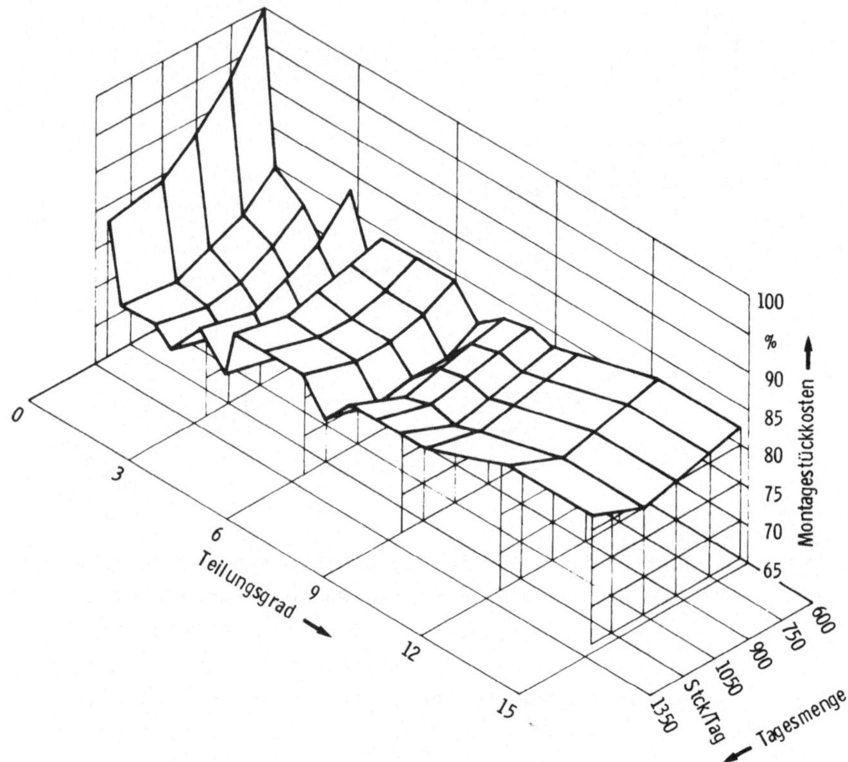

Bild 54: Abhängigkeit der Montagestückkosten vom Teilungsgrad
und von der gefertigten Gesamtmenge bei einem Dimensionierungsgrad von DG = 1,75 beim Praxisbeispiel.
100 % entsprechen den Montagestückkosten bei einer
Tagesmenge von 600 Stck/Tag und Mengenteilung.

Das Ergebnis ist mit dem vorigen vergleichbar. Der Teilungsgrad
TG = 1,917 ist auch hier am günstigsten. Niedrige Montagestückkosten ergeben – wie beim Dimensionierungsgrad von DG = 1 auch –
die Teilungsgrade TG = 3,5 und TG = 6,667. Die Ergebnisse bei
den Dimensionierungsgraden DG = 1,25 und DG = 1,5 entsprechen
tendenziell den oben gezeigten.

Bei den ca. 16 Arbeitsplätzen des Praxisbeispiels bestehen nach
Gleichung (22) mindestens 49 152 mögliche Formen der Kapazitätsteilung. Angesichts dieser großen Zahl sei grundsätzlich ange-
merkt, daß das Bestehen einer im Vergleich zu der Form mit dem
Teilungsgrad von TG = 1,917 noch günstigeren nicht auszuschlies-
sen ist. Die Einsicht in die Komplexität der Planungsaufgabe
sollte es jedoch rechtfertigen, nicht das absolute Optimum er-
reichen zu müssen.

Wenn die zu fertigende Gesamtmenge mit z.B. N = 750 Stck/Tag ab-
zusehen ist, dann kann aufgrund eines Diagramms gemäß Bild 55
eine Entscheidung für einen bestimmten Dimensionierungsgrad und
einen bestimmten Teilungsgrad getroffen werden.

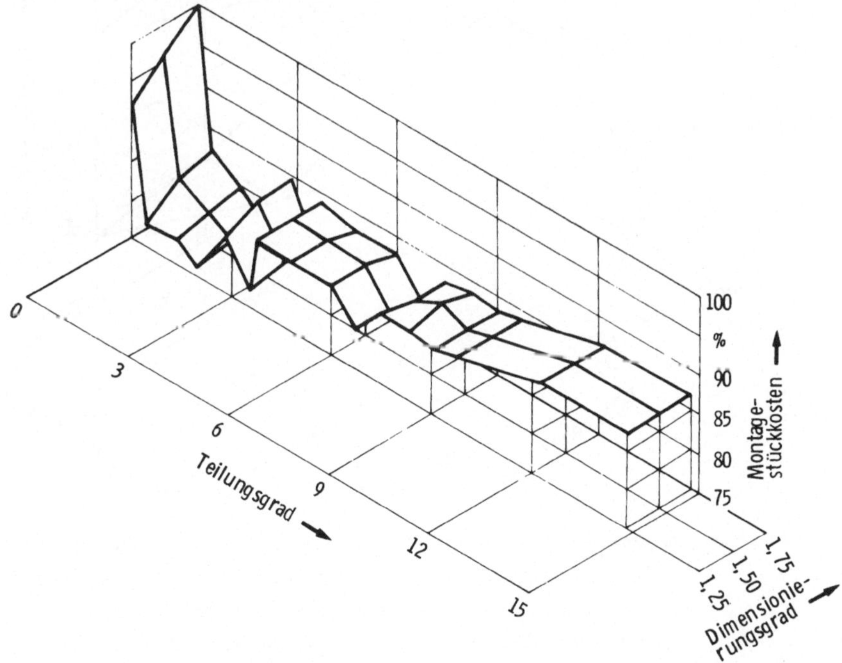

Bild 55: Abhängigkeit der Montagestückkosten vom Teilungsgrad und vom Dimensionierungsgrad bei einer Gesamtmenge von N = 750 Stck/Tag beim Praxisbeispiel.
100 % entsprechen den Montagestückkosten bei einem
Dimensionierungsgrad von 1,75 und Mengenteilung.

In <u>Bild 56</u> sind die Montagestückkosten über der Gesamtmenge
und über dem Dimensionierungsgrad für die Teilungsgrade
TG = 1,917 und TG = 14,833 (entspricht der Kapazitätsteilung
bei der Montage des Vorgängermodells) aufgetragen.

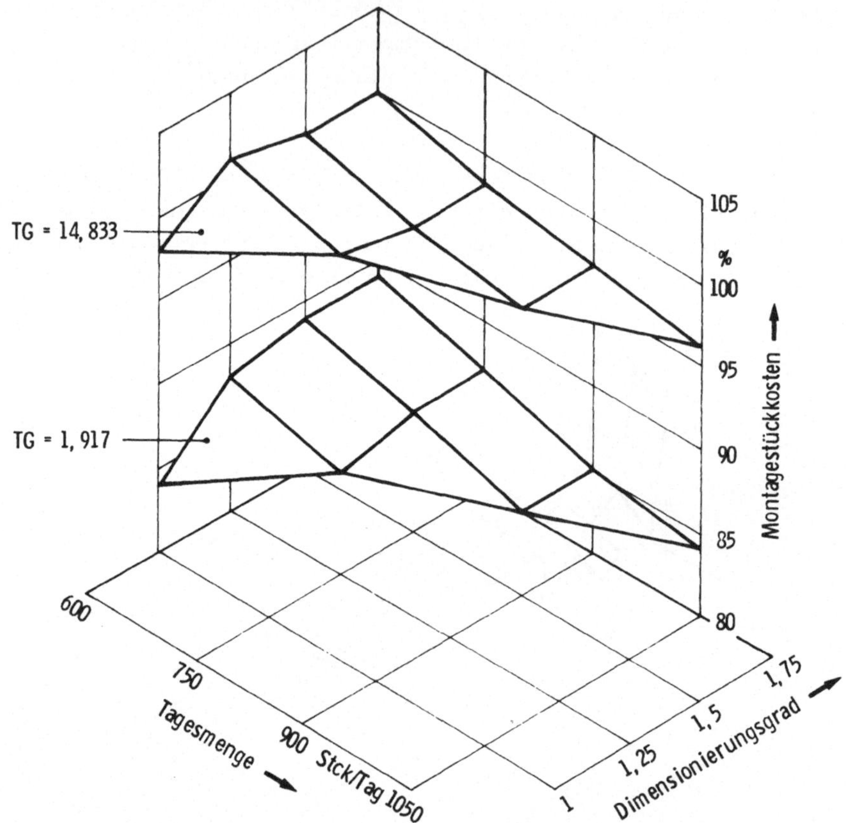

Bild 56: Gegenüberstellung der Montagestückkosten für die
Teilungsgrade TG = 1,917 und TG = 14,833 beim Praxisbeispiel. 100 % entsprechen den Montagestückkosten bei der Montage des Vorgängermodells, bei
einem Dimensionierungsgrad von 1,75 und einer
Tagesmenge von 600 Stck/Tag.

Die zu erwartenden Einsparungen an Montagestückkosten betragen
je nach Dimensionierungsgrad und Gesamtmenge zwischen 11 % und

14 %. Sie werden allein durch eine andere Form der Kapazitätsteilung, die mit dem vorgestellten Verfahren geplant werden
kann, erreicht.

Neben diesen Einsparungen sind weitere, in der Planungsphase
jedoch nur schwer zu quantifizierende Vorteile zu erwarten.
Es wurde bereits erwähnt, daß durch niedrige Teilungsgrade
u.a. die Kosten durch Fehlzeiten und Fluktuation gesenkt
werden können. Dies resultiert aus größerer Arbeitszufrie-
denheit der Mitarbeiter, größerem Tätigkeitsspielraum und
damit größerem Handlungsspielraum, aus geringeren Monoto-
nieempfindungen u.a. Berücksichtigt man außerdem, daß sich
eine Senkung der genannten Kosten auch auf die Höhe des Ein-
lernaufwands vorteilhaft auswirkt, dann scheint es auch von
Seiten nicht oder nur schwer erfaßbarer Kosten sinnvoll zu
sein, Formen der Kapazitätsteilung mit niedrigem Teilungsgrad zu planen.

6 Diskussion des Verfahrens zur Planung der Kapazitätsteilung

6.1 Zur Problematik der Bewertung eines Verfahrens

Die Anwendung des Verfahrens zur Planung der Kapazitätsteilung
in einem Unternehmen kann nur dann empfohlen werden, wenn anhand
einer Bewertung der Nutzen für das Unternehmen aufgezeigt werden
kann. Der Nachweis des Nutzens eines Planungsverfahrens ist jedoch weitaus schwieriger zu erbringen als beispielsweise der des
Nutzens einer Werkzeugmaschine. Dies liegt darin begründet, daß
das mit dem Verfahren erstellbare Ergebnis lediglich als innerbetriebliche Leistung angesehen werden kann, die keinen direkten
Marktwert besitzt. Ein kostenmäßiger Vergleich des entwickelten
Verfahrens mit Verfahren zur Ablaufplanung ist nur bedingt möglich,
da für einen solchen Verfahrensvergleich gleiche Planungsaufgaben
mit qualitativ gleichen Ergebnissen im gleichen Zeitraum notwendig sind /65/. Diese Voraussetzungen sind nicht gegeben, da
mit dem vorgestellten Verfahren qualitativ andere Planungsergebnisse als mit bisherigen Verfahren erzielt werden können. Vor
diesem Hintergrund ist die Diskussion des Verfahrens zur Planung
der Kapazitätsteilung zu sehen.

6.2 Wirtschaftlichkeit der Anwendung des Verfahrens

Unter Wirtschaftlichkeit soll das Verhältnis von Ertrag zu Aufwand verstanden werden /60/.

Der Ertrag des entwickelten Verfahrens sei durch Vergleich der
mit dem Verfahren erzielbaren Ergebnisse mit Ergebnissen anderer
Verfahren ermittelt. Als charakteristisches Ergebnis der
Kapazitätsteilungsplanung wird eine gemischte Kapazitätsteilung
mit niedrigem Teilungsgrad und als eines der Ablaufplanung wird
die Artteilung mit hohem Teilungsgrad angesehen.

Eine gegebenenfalls vorhandene Differenz in den Montagestückkosten kann zur Berechnung des Ertrags herangezogen werden,
indem sie mit der gefertigten Tagesmenge und der Laufzeit des
Produkts multipliziert wird.

Der mit der Anwendung des entwickelten Verfahrens verbundene
<u>Aufwand</u> ist bei der vorgeschlagenen Wirtschaftlichkeitsbetrach-
tung lediglich als Mehraufwand zur Ablaufplanung zu berücksichtigen. Dieser fällt insbesondere beim Entwickeln und Bewerten
von Formen der Kapazitätsteilung an. Wenn die Laufzeit des Produkts nicht bekannt ist, dann kann anstelle der Wirtschaftlichkeit mit dem täglichen Ertrag die Amortisationszeit für den
als Investition erklärbaren Planungsmehraufwand errechnet werden.

Es ist einsichtig, daß eine Quantifizierung der Wirtschaftlichkeit nur fallbezogen möglich ist. Dazu müssen neben Daten der
Arbeitsaufgabe auch Daten zum Planungsaufwand, der von der Qualifikation des Planers u.ä. abhängt, erfaßt und berücksichtigt
werden. Für das Praxisbeispiel beläuft sich der tägliche Ertrag
auf mindestens DM 150,-- bei der Montage einer Gesamtmenge von
750 Stck/Tag. Der Planungsmehraufwand wurde mit DM 1600,-- kalkuliert. Dieser Wert entspricht fünf Manntagen. Als Amortisationszeit erhält man für das Praxisbeispiel ca. 11 Tage. Diese
kurze Zeitspanne rechtfertigt im Nachhinein die Anwendung des
entwickelten Verfahrens unter reinen Kostengesichtspunkten.

6.3   Qualitative Vorteile des Verfahrens

Die qualitativen Vorteile der Kapazitätsteilungsplanung liegen
zum einen darin, daß die komplexe Aufgabe der Planung von Arbeitssystemen in eine Planung der Arbeitsteilung sowie in eine
Planung der Arbeitsplatzanordnung und -verkettung geteilt werden kann. Somit wird die Arbeitssystemplanung einfacher.

Zum anderen sind sie darin zu sehen, Anforderungen an Montagearbeitssysteme z.B. hinsichtlich hoher Flexibilität, hoher
Produktivität und menschengerechter Arbeit berücksichtigen
zu können. Die gemischte Kapazitätsteilung als charakteristisches Ergebnis der Kapazitätsteilungsplanung wird den
genannten Anforderungen gerecht. Durch die Verwirklichung
einer gemischten Kapazitätsteilung ist es beispielsweise
in Bezug auf menschengerechte Arbeit möglich, den Mitarbeitern durch unterschiedliche Stückzeiten verschiedene Arbeits-
bedingungen anzubieten und damit den unterschiedlichen Inter-
essen der Mitarbeiter zu entsprechen. Diese Möglichkeit wird
auch aus sozialwissenschaftlicher Sicht als vorteilhaft angesehen /66, 67, 68/.

6.4 Zur Einsatzmöglichkeit des Verfahrens

Das Verfahren zur Planung der Kapazitätsteilung kann angewendet werden, wenn eine Kapazität sowohl bedarfsseitig als
auch angebotsseitig quantitativ erfaßt werden kann. Ein er-
folgreicher Einsatz des Verfahrens ist bei geforderter hoher
Flexibilität des Arbeitssystems und bei Arbeitsaufgaben zu
erwarten, die aus dem Bereich der Serienfertigung von Produkten mit kleinem bis mittlerem Volumen stammen und zu deren Erfüllung mehrere Arbeitsplätze notwendig sind.

Die Planung von Arbeitssystemen für den Fertigungsbereich Montage gewinnt mit erhöhten Anforderungen an die Montagearbeitssysteme, z.B. in Bezug auf die Flexibilität, zunehmend an Bedeutung. Die bekannten Verfahren zur Planung von Arbeitssystemen berücksichtigen jedoch diesen Wandel nur pauschal und geben deshalb dem Planer nur geringe Hilfe. Eine Hilfe muß insbesondere bei der Planung des Arbeitsablaufs ansetzen, denn dabei werden wesentliche Merkmale eines Arbeitssystems bestimmt. Mit dem Arbeitsablauf wird erfaßt, wo, wann und womit die Eingabe des Arbeitssystems zur Erfüllung der Arbeitsaufgabe verändert wird.

Die komplexe Aufgabe der Planung des Arbeitsablaufs wurde bisher sehr einfach dadurch gelöst, daß aus einer begrenzten Anzahl von Ablaufprinzipien eines gewählt wurde, das geeignet erschien. Das für die Serienmontage mögliche und überwiegend gewählte Ablaufprinzip "Fertigung nach dem Flußprinzip" führt jedoch bei großen Produktionsmengen zu Arbeitssystemen, die den erhöhten Anforderungen häufig nicht gerecht werden.

Mit der Wahl eines Ablaufprinzips wird eine bestimmte Form der Arbeitsteilung vorgegeben, ohne daß die Vielzahl anderer, gegebenenfalls günstigerer Formen betrachtet wird. Dieser Sachverhalt führte zur Zielsetzung der vorliegenden Arbeit, nämlich ein Verfahren zur Planung der Arbeitsteilung zu entwickeln. Dazu wurde zunächst ein Literaturstudium zum Thema Arbeitsteilung durchgeführt. Es zeigte sich, daß zwar die Arbeitsteilung von zahlreichen Wissenschaftsdisziplinen unter den verschiedensten Gesichtspunkten diskutiert wird, daß aber die Planung der Arbeitsteilung lediglich für eine bestimmte Form der Arbeitsteilung, nämlich Artteilung, behandelt wird. Da diese dem Ablaufprinzip "Fertigung nach dem Flußprinzip" zugrunde liegt, können mit den entsprechenden Verfahren nur gleichartige und oft unflexible Montagearbeitssysteme geplant werden.

In der vorliegenden Arbeit wird ein abstraktes Modell der Arbeitsteilung entworfen und darauf aufbauend ein Verfahren entwickelt, mit dem nicht nur die Artteilung geplant werden kann. Das Modell, das die Ausführung der Arbeit abbildet, wird durch eine Transformation der Arbeitsausführung auf die Kapazität eines Arbeitssystems zu einem quantifizierbaren Modell konkretisiert. Die Arbeitsteilung kann dann mit dem Modell als Teilung einer quantitativen Kapazität, d.h. als "Kapazitätsteilung" aufgefaßt werden. Als Hilfsmittel des Verfahrens dient ein Diagramm mit den Koordinaten Tagesmenge und Stückzeit, in dem die quantitative Kapazität als Fläche dargestellt wird. Kapazitätsteilung entspricht der Teilung einer solchen Fläche.

Die erarbeiteten Grundlagen der Kapazitätsteilung bestehen im wesentlichen aus der Behandlung charakteristischer Formen der Kapazitätsteilung. Es wird aufgezeigt, daß neben den Formen Artteilung und Mengenteilung weitere bestehen, deren Zahl mit zunehmender Anzahl von Arbeitsplätzen exponentiell steigt. Diese Formen werden unter dem Begriff "gemischte Kapazitätsteilung" als dritte charakteristische Form zusammengefaßt. Zur Klassifizierung von Formen der Kapazitätsteilung wurde ein "Teilungsgrad" definiert. Dieser kann als quantifizierbarer Grad der Arbeitsteilung angesehen werden.

Ein wesentlicher Schritt bei der Planung der Kapazitätsteilung besteht in der Bewertung möglicher Formen. In der vorliegenden Arbeit wird die quantitative Bewertung schwerpunktsmäßig abgehandelt. Erkenntnisse zur Arbeitsteilung - insbesondere aufgrund durchgeführter Bewertungen gewonnen - werden als "Leitlinien zur Planung der Kapazitätsteilung" formuliert. Mit diesen können mögliche Formen zielorientiert entwickelt werden.

Ein Verfahren zur Planung der Kapazitätsteilung wird vorgestellt und an einem für die industrielle Serienmontage typischen Fall aus der Praxis beispielhaft angewendet. Mit dem Verfahren konnten im Beispiel qualitativ und quantitativ bessere Ergebnisse als mit der Ablaufplanung erzielt werden.

Das Verfahren wird diskutiert: Quantitative Vorteile durch die Anwendung des Verfahrens sind bei geforderter hoher Flexibilität des Arbeitssystems und bei Arbeitsaufgaben zu erwarten, die aus dem Bereich der Serienfertigung von Produkten mit kleinem bis mittlerem Volumen stammen und zu deren Erfüllung mehrere Arbeitsplätze notwendig sind. Qualitative Vorteile des Verfahrens liegen insbesondere darin, daß die komplexe Aufgabe der Planung von Arbeitssystemen in eine Planung der Arbeitsteilung sowie in eine Planung der Arbeitsplatzanordnung und -verkettung geteilt werden kann. Somit wird die Arbeitssystemplanung einfacher.

Das Verfahren zur Planung der Kapazitätsteilung kann manuell angewendet werden. Voraussetzung für die Anwendung ist, daß eine Kapazität sowohl bedarfsseitig als auch angebotsseitig quantitativ erfaßt werden kann.

Literaturverzeichnis

/1/ Warnecke, H.J.; Zippe, B.-H.: Arbeits- und Ablauf-
    gestaltung in der Fertigung. wt-Z. ind. Fertig. 70
    (1980) Nr. 3, S. 191 - 204

/2/ Methodenlehre des Arbeitsstudiums. Teil 1: Grundlagen.
    Hrsg. vom REFA-Verband für Arbeitsstudien e.V.,
    München: Carl Hanser Verlag 1976

/3/ Metzger, H.: Planung und Bewertung von Arbeitssystemen in
    der Montage. Stuttgart: Universität, Dissertation 1977

/4/ Methodenlehre des Arbeitsstudiums. Teil 3: Kostenrechnung,
    Arbeitsgestaltung. Hrsg. vom REFA-Verband für Arbeits-
    studien e.V., München: Carl Hanser Verlag 1969

/5/ Miese, M.: Systematische Montageplanung in Unternehmen
    mit Einzel- und Kleinserienproduktion. Aachen: Technische
    Hochschule, Dissertation 1973

/6/ Schönfelder, G.: Der Einsatz von Nutzwertanalyse und
    Simulation zur Auswahl von Montageformen. Erlangen-
    Nürnberg: Universität, Dissertation 1976

/7/ Grob, R.; Haffner, H.: Planungsleitlinien zur Arbeits-
    strukturierung. REFA-Nachrichten 32 (1979) Nr. 3,
    S. 157 - 164

/8/ Methodenlehre der Planung und Steuerung. Teil 1: Grund-
    lagen. Hrsg. vom REFA-Verband für Arbeitsstudien e.V.,
    München: Carl Hanser Verlag 1969

/9/ Brockhaus Enzyklopädie, Band 1: A - ATE.
    Wiesbaden: F.A. Brockhaus 1966

/10/   Meyers enzyklopädisches Lexikon, Band 2: Alv - Atz.
       Mannheim, Wien, Zürich: Lexikon-Verlag, 9. Auflage 1972

/11/   Xenophon: Werke, Buch 8: Cyropaedia. Stuttgart:
       Hoffmann 1865

/12/   Smith, A.: Der Wohlstand der Nationen. Eine Unter-
       suchung seiner Natur und seiner Ursachen (zuerst 1776):
       neu aus dem Englischen übertragen von H.C. Recktenwald.
       München 1974

/13/   Warnecke, H.J.; Lentes, H.-P.: Arbeitsbereicherung.
       Teil 1: Grundlagen. wt-Z. ind. Fertig. 63 (1973),
       S. 572 - 577

/14/   Bücher, K.: Arbeitsteilung und soziale Klassenbildung.
       In: Sozialökonomische Texte, Heft 6.
       Frankfurt: Vittorio Klostermann 1946

/15/   Nicklisch, H.: Die Betriebswirtschaft. Stuttgart:
       Poeschel Verlag 1932

/16/   Arbeitsgestaltung. Mit einer Einführung in das Arbeits-
       studium. München: Carl Hanser Verlag 1951 (REFA-Buch Bd. 1)

/17/   Kosiol, E.: Organisation der Unternehmung. Wiesbaden:
       Gabler 1962

/18/   Kosiol, E.: Die Unternehmung als wirtschaftliches
       Aktionszentrum. Reinbek b. Hamburg: Rowohlt 1972

/19/   Hahn, D.; Link, J.: Motivationsfördernde Arbeitsfeld-
       strukturierung in der Industrie. Zeitschrift für
       Organisation 44 (1975) Nr. 2, S. 65 - 71

/20/   Beck, U.: Berufliche Arbeitsteilung. München:
       Campus 1977

/21/   Gutenberg, E.: Grundlagen der Betriebswirtschaftslehre.
       Band 1: Die Produktion. Berlin, Heidelberg, New York:
       Springer-Verlag 1967

/22/   Mellerowicz, K.: Betriebswirtschaftslehre der Industrie.
       Band II. Freiburg i.B.: Rudolf Haufe Verlag 1968

/23/   Ulrich, H.: Betriebswirtschaftliche Organisationslehre.
       Bern: Verlag P. Haupt 1949

/24/   Linhardt, H.: Grundlagen der Betriebsorganisation.
       Essen: Girardet 1954

/25/   Taylor, F.: Die Grundsätze wissenschaftlicher Betriebs-
       führung. München, Berlin: 1919

/26/   Schanz, G.: Verhalten in Wirtschaftsorganisationen.
       München: Verlag Franz Vahlen 1978

/27/   Kilbridge, M.; Wester, L.: The assembly line problem.
       In: Proceedings of the Second International Conference
       on Operational Research. London: English Universities
       Press 1961, S. 213 ff.

/28/   Kilbridge, M.; Wester, L.: An economic model for the
       division of labor. Management Science 12 (1966) Nr. 6,
       S. B-225 - B-269

/29/   Salveson, M.: The assembly line balancing problem.
       The Journal of Industrial Engineering 6 (1955) Nr. 3,
       S. 18 ff.

/30/   Salveson, M.: The assembly line balancing problem.
       Transactions of the ASME 77 (1955) August, S. 939 ff.

/31/   Kilbridge, M.; Wester, L.: A heuristic method of assembly
       line balancing. The Journal of Industrial Engineering
       12 (1961) Nr. 4, S. 292 - 298

/32/ Kilbridge, M.; Wester, L.: The balance delay problem.
Management Science 8 (1961) Nr. 1, S. 69 - 84

/33/ Tonge, F.: A heuristic program for assembly line
balancing. Englewood Cliffs, New Jersey: Prentice-
Hall Inc. 1961

/34/ Tonge, F.: Assembly line balancing using probabilistic
combinations of heuristics. Management Science 11
(1965) Nr. 7, S. 727 ff.

/35/ Gutjahr, A.; Nemhauser, G.: An algorithm for the line
balancing problem. Management Science 11 (1964)
Nr. 2, S. 308 ff.

/36/ Moodie, C.; Young, H.: A heuristic method of assembly
line balancing for assumptions of constant or variable
work element times. The Journal of Industrial Engineering
16 (1965) Nr. 1, S. 23 - 29

/37/ Hahn, R.; Lutz, L.; Roschmann, K.: Die Bandabgleichung -
ein Problem bei Fließfertigung. Industrielle Organisation 37 (1968) Nr. 2, S. 85 - 101

/38/ Ramsing, K.; Downing, L.: Assembly line balancing with
variable element times. Industrial Engineering
2 (1970) Nr. 1, S. 41 - 43

/39/ Lutz, L.: Abtakten von Montagelinien. Stuttgart: Universität, Dissertation 1972

/40/ Görke, M.; Lentes, H.-P.: Leistungsabstimmung von Montagelinien, Teil 1 bis Teil 3. AV 13 (1976) Nr. 3,
S. 71 - 77, Nr. 4, S. 106 - 113, Nr. 6, S. 147 - 153

/41/ Görke, M.: Rechnerunterstütztes Verfahren zur Leistungsabstimmung von Mehrmodell-Montagesystemen. Stuttgart: Universität, Dissertation 1978

/42/   Hackstein, R.; Matthée, R.: Kostenoptimale Arbeits-
       teilung. REFA-Nachrichten 27 (1974) Nr. 6, S. 439 - 457

/43/   Globerson, S.; Tamir, A.: The relationship between job
       design, human behavior and system response. In: Vth
       International Conference on Production Research.
       Amsterdam, 12 - 16 August 1979 (Vortragsmanuskript)

/44/   Richter, E.; Schilling, W.; Weise, M.: Montage im
       Maschinenbau. Berlin: VEB Verlag Technik 1974

/45/   Durkheim, E.: De la division du travail social.
       Paris: Verlag F. Alcan 1893

/46/   Friedmann, G.: Grenzen der Arbeitsteilung. Frankfurt/M.:
       Europäische Verlagsanstalt 1959

/47/   Ulich, E.: Arbeitswechsel und Aufgabenerweiterung.
       REFA-Nachrichten 25 (1972), S. 265 - 275

/48/   Ulich, E.: Aufgabenerweiterung und autonome Arbeits-
       gruppen. Industrielle Organisation 42 (1973) Nr. 8,
       S. 355 - 358

/49/   Rühl, G.: Untersuchungen zur Arbeitsstrukturierung.
       Industrial Engineering 3 (1973) Nr. 3, S. 147 - 195

/50/   Bahrdt, H.: Industriebürokratie. Stuttgart: Enke 1958

/51/   Dahrendorf, R.: Struktur des Betriebes. Wiesbaden:
       Gabler 1959

/52/   Fürstenberg, F.: Die betriebliche Sozialstruktur. In:
       Mayer, A. und Herwig, B. (Hrsg.): Handbuch der Psycho-
       logie, Band 9 "Betriebspsychologie", 2. Auflage,
       Göttingen: Hogrefe 1970, S. 419 - 440

/53/   Gülden, K.; Krutz, W.; Krutz-Ahlring, I.: Humanisierung
        der Arbeit? Ansätze zur Veränderung von Form und Inhalt
        industrieller Arbeit. Berlin: Verlag Die Arbeitswelt 1973

/54/   Wiegand, B.: Darstellung und Vergleich der Berechnungs-
        methoden industrieller Kapazitäten und deren Ausnutzungs-
        grad. Darmstadt: Technische Hochschule, Dissertation 1968

/55/   Methodenlehre der Planung und Steuerung. Teil 2:
        Planung. Hrsg. vom REFA-Verband für Arbeitsstudien e.V.,
        München: Carl Hanser Verlag 1969

/56/   Hackstein, R.; Dienstdorf, B.: Grundfragen der Kapazi-
        tätsplanung und Untersuchung von Verfahren zur Verwirk-
        lichung eines möglichst flexiblen Kapazitätsangebotes
        in Betrieben mit Werkstättenfertigung. ZwF 68 (1973)
        Nr. 1, S. 18 - 25

/57/   Heß-Kinzer, D.: Produktionsplanung und -steuerung mit
        EDV. Stuttgart, Wiesbaden: Forkel 1976

/58/   Dehn, M.: Über Zerlegung von Rechtecken in Rechtecke.
        Mathematische Annalen 57 (1903), S. 314 - 332

/59/   Methodenlehre des Arbeitsstudiums. Teil 2: Datenermitt-
        lung. Hrsg. vom REFA-Verband für Arbeitsstudien e.V.,
        München: Carl Hanser Verlag 1969

/60/   Warnecke, H. J.; Bullinger, H. J.; Hichert, R.: Kosten-
        rechnung für Ingenieure. München: Carl Hanser Verlag 1978

/61/   Warnecke, H. J.; Lentes, H.-P.: Arbeitsbereicherung.
        Teil 2: Erfahrungen und Erkenntnisse. wt-Z. ind.
        Fertig. 63 (1973), S. 697 - 702

/62/   Conant, E. H.; Kilbridge, M.: An interdisciplinary analysis
        of job enlargement: Technology, costs and behavioral im-
        plications. Industrial and Labor Relations Review 18
        (1961) Nr. 3, S. 377 - 395

/63/ Tuggle, G.: Job Enlargement: An assault on assembly
line inefficiencies. Industrial Engineering 1 (1969)
Nr. 2, S. 26 - 31

/64/ Warnecke, H. J.; Dittmayer, S.: Planung von Arbeitsin-
halten unter humanitären und technisch-betriebswirtschaft-
lichen Gesichtspunkten mit Hilfe eines Vorranggraphen.
ZwF 73 (1978) Nr. 12, S. 603 - 610

/65/ Kuhn, H.: Verfahrensvergleich. In: Handwörterbuch der Betriebswirtschaft. Stuttgart: Poeschel 1962, Sp. 5686

/66/ Nachreiner, F.; Wucherpfennig, D.; Ernst, G.; Rutenfranz, H:
Zur Bevorzugung unterschiedlich vorgegebener Arbeitsstrukturen durch Fließbandarbeiter. Zeitschrift für Arbeitswis-
senschaft 30 (2NF) (1976) Nr. 4, S. 193 - 203

/67/ Ulich, E.: Über mögliche Auswirkungen von Arbeitsstrukturen
auf Zufriedenheit und Beanspruchung. Fortschrittliche Betriebsführung und Industrial Engineering 25 (1976) Nr. 6,
S. 343 - 345

/68/ Ulich, E.: Über das Prinzip der differentiellen Arbeitsgestaltung. Management-Zeitschrift iO 47 (1978) Nr. 12,
S. 566 - 568

<u>Anhang</u>

<u>Ableitung einer Formel zur Berechnung der Mindestanzahl
möglicher Teilungen einer Rechteckfläche</u>

Die Formel zur Berechnung der Mindestanzahl möglicher Teilungen
einer Rechteckfläche in m Rechteckteilflächen gleicher Flächeninhalte wird aus einem Verfahren zur systematischen Konstruktion
von Rechteckaufteilungen abgeleitet. Bevor dieses beschrieben
wird, seien folgende Annahmen getroffen: Wenn von Flächen oder
Teilflächen gesprochen wird, dann sind damit grundsätzlich Recht-
eckflächen oder Rechteckteilflächen gemeint. Außerdem wird voraus-
gesetzt, daß
- die Kanten der Flächen grundsätzlich waagrecht und senkrecht
  verlaufen,
- die waagrechte Achse der Stückzeitachse und die senkrechte
  der Tagesmengenachse entspricht und
- die Flächenausdehnung lediglich eine Frage der Maßstäbe ist,
  d.h. eine flache lange Fläche kann ohne weiteres in eine hohe
  kurze überführt werden.

Das Verfahren zur systematischen Konstruktion von Rechteckaufteilungen gliedert sich in zwei Schritte. Der <u>erste Schritt</u> des
Konstruktionsverfahrens basiert auf folgender Konstruktionsregel:

o Zur Konstruktion einer neuen Teilungsmöglichkeit geht man
  von einer bekannten Teilungsmöglichkeit aus, dreht die
  bekannte um 90° entgegen dem Uhrzeigersinn und ergänzt sie
  nach links mit einer Anzahl von Teilflächen, die der
  Differenz zwischen der Anzahl von Teilflächen der neu zu
  konstruierenden Teilungsmöglichkeit und der der bekannten
  entspricht.

Diese Konstruktionsregel führt, wie aus <u>Bild A1</u> zu erkennen ist,
zu einer Mindestanzahl von Z_{min1} Teilungsmöglichkeiten. Die Mindestanzahl steigt mit der Anzahl m der Teilflächen entsprechend

einer unendlichen Folge mit den Gliedern 1,2,4,8,... . Da
sich für zwei Teilflächen nach dem ersten Schritt des Konstruktionsverfahrens lediglich eine Teilungsmöglichkeit ergibt, folgt für $Z_{min1} = \frac{1}{4} \cdot 2^m$ die Randbedingung $m > 1$.

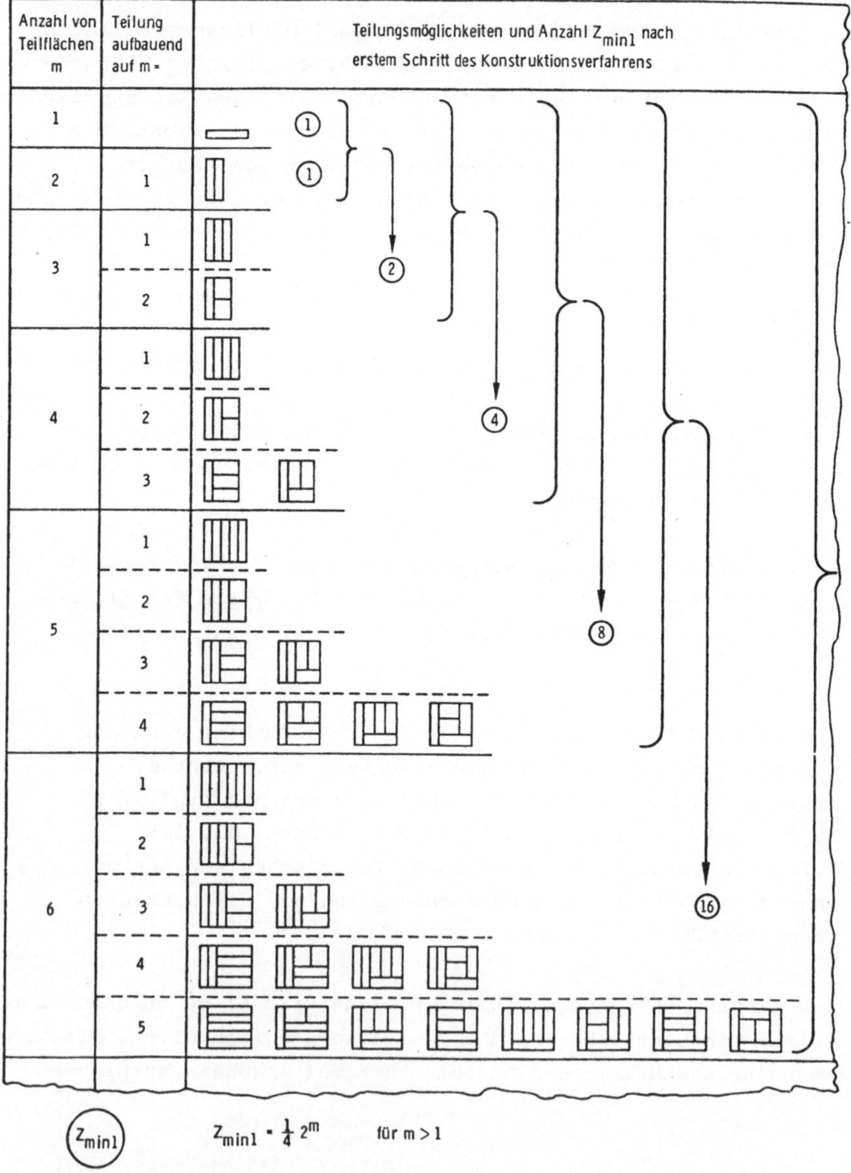

Bild A1: Teilungsmöglichkeiten und ihre Anzahl nach erstem
Schritt des Konstruktionsverfahrens

Zur Verdeutlichung sei die Konstruktion der ersten Teilungsmöglichkeiten beschrieben. Es wird von einer ungeteilten Fläche
ausgegangen. Zur Konstruktion einer Teilungsmöglichkeit mit $m = 2$
Teilflächen wird zunächst die ungeteilte Fläche um 90° entgegen
dem Uhrzeigersinn gedreht und nach links durch eine weitere
Fläche ergänzt. Deren Breite ergibt sich aus der vorgegebenen
Höhe und dem ebenfalls vorgegebenen Flächeninhalt.

Bei der Konstruktion einer Teilungsmöglichkeit mit $m = 3$ Teilflächen kann man entweder auf die einzelne Fläche oder auf diejenige zurückgreifen, die aus zwei Teilflächen besteht. Ausgehend
von der einzelnen Fläche, die wieder um 90° gedreht wird, erhält man eine neue Teilungsmöglichkeit, indem die einzelne Fläche
nach links durch $m - 1$ Flächen, d.h. in diesem Fall durch zwei
ergänzt wird. Ausgehend von der aus zwei Teilflächen bestehenden Teilungsmöglichkeit, die wieder um 90° gedreht wurde, erhält man eine neue, indem diese nach links durch eine Teilfläche ergänzt wird.

Der zweite Schritt des Konstruktionsverfahrens basiert auf
folgender Konstruktionsregel:

o Zur Konstruktion zweier neuer Teilungsmöglichkeiten aus
   einer bekannten dreht man diese entgegen dem Uhrzeigersinn
   um 90° für die erste neue und um 180° für die zweite neue
   Teilungsmöglichkeit.

Diese Konstruktionsregel führt aufbauend auf den ersten Schritt
ab einer Anzahl von $m = 4$ Teilflächen zu einer Mindestanzahl
von $z_{min2} = \frac{3}{4} \cdot 2^{m} - 1$ Teilungsmöglichkeiten. Bild A2 zeigt die
Teilungsmöglichkeiten nach dem zweiten Schritt des Konstruktionsverfahrens am Beispiel von vier Teilflächen.

Anzahl von Teil-flächen	Teilung aufbauend auf Anzahl von Teil-flächen m =	Teilungsmöglichkeit und Anzahl Z_{min2} nach zweitem Schritt des Konstruktionsverfahrens		
		Ausgangsteilung gemäß erstem Schritt des Konstruktions-verfahrens	Drehung der Ausgangsteilung entgegen dem Uhrzeigersinn um 90 °	um 180 °
4	1			 ↯
	2		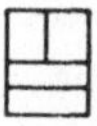	
	3	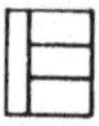	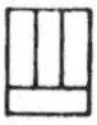	
			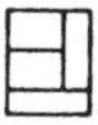	

$Z_{min2} = \frac{3}{4} 2^4 - 1$ ↯ ... Teilungsmöglichkeit gleicht Ausgangsteilung

Bild A2: Teilungsmöglichkeiten und ihre Anzahl nach zweitem Schritt des Konstruktionsverfahrens am Beispiel von vier Teilflächen

Da es möglich ist, ab m = 4 Teilflächen mindestens noch eine Teilungsmöglichkeit zu entwickeln, die nicht durch die Anwendung des Konstruktionsverfahrens entsteht - z.B. 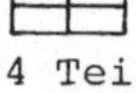 -, kann Z_{min2} um + 1 erhöht werden. So erhält man ab m = 4 Teilflächen eine Mindestanzahl von $Z_{min} = \frac{3}{4} \cdot 2^m$ Teilungsmöglichkeiten.

IPA Forschung und Praxis

Schriftenreihe aus dem Institut für Produktionstechnik und Automatisierung, Stuttgart

Herausgeber: Prof. Dr.-Ing. H. J. Warnecke

Stufenweise Ableitung eines praktischen Planungssystems für den Entwicklungsbereich
Von R. Hichert. ISBN 3-7830-0149-8.
1978, 151 Seiten, kartoniert. — 52,— DM

Produktionsplanung mit Auftragsfamilien
Von U. W. Geitner. ISBN 3-7830-0161.7.
1979, 110 Seiten, kartoniert. — 45,— DM

Thermisch-chemisches Entgraten
Von T. Wagner. ISBN 3-7830-0164-1.
1979, 111 Seiten, kartoniert. — 45,— DM

Untersuchung der Materialflußkosten bei ausgewählten Systemen der Zentralen Arbeitsverteilung
Von R. Wenzel. ISBN 3-7830-0162-5.
1979, 168 Seiten, kartoniert. — 86,— DM

Anpassung und Einführung eines Planungssystems für die Ablaufplanung im Konstruktionsbereich
Von W. Dangelmaier. ISBN 3-7830-0163-3.
1979, 168 Seiten, kartoniert. — 80,— DM

Längenmessungen an bewegten Teilen mit berührungslos wirkenden Aufnehmern
Von H. Lang. ISBN 3-7830-0157-9.
1979, 89 Seiten, kartoniert. — 42,— DM

Untersuchung multistabiler Strömungselemente und ihr Einsatz in sequentiellen Steuerungen
Von A. Ernst. ISBN 3-7830-0157-9.
1979, 122 Seiten, kartoniert. — 48,— DM

Taktile Sensoren für programmierbare Handhabungsgeräte
Von M. Schweizer. ISBN 3-7830-0158-7.
1979, 91 Seiten, kartoniert. — 42,— DM

Die rechnerunterstützte Prüfplanung
Von P. Bläsing. ISBN 3-7830-0152-8.
1979, 100 Seiten, kartoniert. — 44,— DM

Verfahren zur Fabrikplanung im Mensch-Rechner-Dialog am Bildschirm
Von W. Ernst. ISBN 3-7830-0156-0.
1979, 218 Seiten, kartoniert. — 72,— DM

Rechnerunterstütztes Verfahren zur Leistungsabstimmung von Mehrmodell-Montagesystemen
Von M. Görke. ISBN 3-7830-0155-2.
1979, 139 Seiten, kartoniert. — 50,— DM

Standortbezogene Betriebsmittel
Von G. Pflieger. ISBN 3-7830-0167-6.
1979, 127 Seiten, kartoniert. — 52,— DM

Die betriebswirtschaftliche Beurteilung neuer Arbeitsformen
Von B.-H. Zippe. ISBN 3-7830-0168-4.
1979, 350 Seiten, kartoniert. — 98,— DM

Untersuchung des Arbeitsverhaltens programmierbarer Handhabungsgeräte
Von B. Brodbeck. ISBN 3-7830-0169-2.
1979, 117 Seiten, kartoniert. — 48,— DM

Untersuchung eines kohärent-optischen Verfahrens zur Rauheitsmessung
Von N. Rau. ISBN 3-7830-0174-9.
1979, 117 Seiten, kartoniert. — 48,— DM

Entwicklung einer programmierbaren, pneumatischen Steuerung
Von D. Klemenz. ISBN 3-7830-0171-4.
1979, 93 Seiten, kartoniert. — 42,— DM

Diese Berichte sind zu beziehen durch den Krausskopf-Verlag, Lessingstraße 12, 6500 Mainz

IPA Forschung und Praxis

Berichte aus dem Fraunhofer-Institut für Produktionstechnik und Automatisierung, Stuttgart, und dem Institut für Industrielle Fertigung und Fabrikbetrieb der Universität Stuttgart

Herausgeber: Prof. Dr.-Ing. H. J. Warnecke

Die Berichte 38 und folgende sind zu beziehen durch den Springer-Verlag, Berlin Heidelberg New York